# 基于数据驱动的非线性多模过程的故障诊断方法

〔德〕阿德尔·哈冈尼·阿巴丹·萨里（Adel Haghani Abandan Sari）◎著
孙原理　苗润发　宋志浩◎译　　彭敏俊◎审

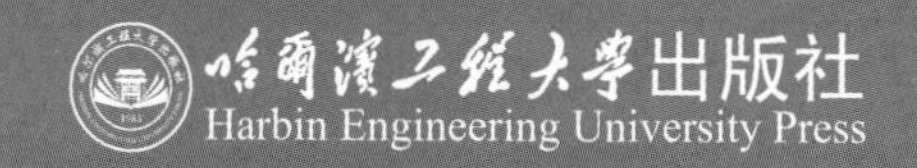

**黑版贸登字 08 - 2023 - 021 号**
First published in English under the title
Data-Driven Design of Fault Diagnosis Systems: Nonlinear Multimode Processes
by Adel Haghani Abandan Sari


**图书在版编目(CIP)数据**

基于数据驱动的非线性多模过程的故障诊断方法 /
(德) 阿德尔 · 哈冈尼 · 阿巴丹 · 萨里(Adel Haghani Abandan Sari)著;
孙原理，苗润发，宋志浩译. —哈尔滨 : 哈尔滨工程大学出版社，
2022.12
书名原文：Data-Driven Design of Fault
Diagnosis Systems:Nonlinear Multimode Processes
ISBN 978 - 7 - 5661 - 3776 - 0

Ⅰ. ①基… Ⅱ. ①阿… ②孙… ③苗… ④宋… Ⅲ.
①数字技术 - 应用 - 多模 - 过程 - 故障诊断 Ⅳ.
①TN241

中国版本图书馆 CIP 数据核字(2022)第 243873 号

**基于数据驱动的非线性多模过程的故障诊断方法**
JIYU SHUJU QUDONG DE FEIXIANXING DUOMO GUOCHENG DE GUZHANG ZHENDUAN FANGFA

◎**选题策划** 石 岭 ◎**责任编辑** 丁 伟 ◎**封面设计** 李海波

---

**出版发行** 哈尔滨工程大学出版社
**社　　址** 哈尔滨市南岗区南通大街 145 号
**邮政编码** 150001
**发行电话** 0451 - 82519328
**传　　真** 0451 - 82519699
**经　　销** 新华书店
**印　　刷** 哈尔滨午阳印刷有限公司
**开　　本** 787 mm × 960 mm 1/16
**印　　张** 8.25
**字　　数** 122 千字
**版　　次** 2022 年 12 月第 1 版
**印　　次** 2022 年 12 月第 1 次印刷
**定　　价** 78.00 元
http://www.hrbeupress.com
E-mail:heupress@hrbeu.edu.cn

# 序

在许多工业应用中,工厂异常行为的早期检测和诊断非常重要。几十年来,基于模型的方法被广泛用于设计故障诊断系统。这些方法的发展基于第一性原理的过程模型。在过去的几十年中,工厂的复杂性急剧增加,这给基于模型的监控方法的发展带来了巨大挑战,有时对现代大型工厂来说是不现实的。作为基于模型的替代方法,数据驱动方法已经得到开发。这些方法提供了强大的工具,可以根据可用的过程测量结果提取到有用的信息,从而监控系统。多变量统计过程监控方法已成功地应用于技术过程中的故障检测和诊断。

然而,由于不同的产品规格、工作环境和经济因素,许多工业过程本质上是非线性的,并且在不同的操作条件下运行。由于过程的非线性,过程特性从一个工作点变化到另一个工作点,主要基于线性假设的经典多元统计过程监控方法的性能变得令人不满意。

本书所述工作的主要目标是研究和开发复杂工业系统的有效故障诊断技术,使用过程历史数据并考虑到非线性过程。假设非线性系统在工作点周围是线性的,那么系统可视为对应于每个工作模式的分段线性系统。为此,基于该过程的整体行为及动态,本书提出了解决故障检测问题的不同方法。此外,基于故障对过程测量的影响,本书提出了一种新的故障隔离和确定系统故障根源的方法。

成功检测并隔离故障后,应修理或更换系统中的故障部件。此外,应可以通过改变系统中特定组件的设置来临时减轻故障后果。因此,有必要建立一个决策支持系统,它可以帮助工厂工程师在检测到系统中的故障部件后确定正确的维护操作方法。为了解决这个问题,本书提出了一种方法——利用前面步骤中得到的结果。维护操作的经济评估被集成到该系统中,从而提供最安全及最低损失的最佳操作。

著者通过在工业基准上的应用,研究了本工作中提出方法的性能和有效性,通过在实验室中设置一个连续搅拌槽加热器和纸板机的干燥部分来进行本研究。

我要向我在杜伊斯堡-埃森大学的整个学习过程中,一直给予我鼓励、指导和支持的 Steven X. Ding 教授表示深深的感谢。他总是可以给我提供灵感、建议、帮助和支持。我还要衷心感谢阿尔托大学生物技术和化学技术系 Sirkka-Liisa、Jämsä-Jounela 教授对本书的手稿提出的建设性意见。

我还要感谢自动控制和复杂系统研究所(AKS)的所有朋友和同事,特别是 Birgit Köppen-Seliger 博士 和 Eberhard Goldschmidt 学士,感谢他们在各种情况和项目中的指导和富有成效的讨论。我衷心感谢 Jonas Esch 学士在这项工作中给予的大力支持,我祝愿他今后的工作一切顺利。我向 Minjia Krüger、Haiyang Hao、Hao Luo、Chris Louen、Tim Tim Könings 和 Christoph Kandler 致以最美好的祝愿,感谢他们的研究工作,并感谢他们的多次帮助。特别感谢 Sabine Bay 和 Klaus Göbel 在组织和技术上的支持。

我特别感谢罗斯托克大学自动化研究所的工作人员,特别是 Torsten Jeinsch 教授的支持和耐心。

最后,我衷心感谢我妻子多年来的爱和支持。我非常真诚地感谢我的家人在我一生中给予我无限的善意和难以置信的支持,否则我永远不会走到今天。

阿德尔·哈冈尼·阿巴丹·萨里

# 译 者 序

当今的复杂工业过程广泛采用自动控制系统。为了满足高产量和高质量的要求,工业过程变得越来越复杂,自动化程度也越来越高。这种发展需要系统更加稳定、可靠和安全。与此相关,在工程和研究领域中都应该更加重视过程监控、诊断和容错控制。

故障诊断是一个经典的工程领域,有许多成熟方法可以使用:

(1)基于硬件冗余的故障诊断。这项技术的核心是使用相同(冗余)的硬件重建过程组件。如果过程组件的输出不同于其任意冗余组件,就会检测到过程组件中的故障。该方法的主要优点是可靠性高和直接的故障隔离。其主要缺点是,冗余硬件的使用会导致高成本,因此这一技术的应用通常仅限于一些必要的与安全相关的组件。

(2)基于统计数据的故障诊断。该方法的主要特点是运用大量的过程数据,包括过程运行中已收集和记录的历史数据和在线测量的数据。这类诊断方法的应用主要包括两个阶段:①培训。这个阶段的历史数据集是通过监测过程的先验知识呈现出来的,并且转换为诊断系统或者算法。②在线运行。在这个阶段,在线测量数据是在诊断系统中处理的或者是为了得到可靠的故障检测与识别而运用于故障算法中的。与基于信号处理的故障诊断相似,此种方法主要用于静态过程。

(3)基于信号处理的故障诊断。假设某些过程信号携带着被检测到的故障信息,并且这些信息是以"症状"的形式表现出来,那么这个故障诊断可以通过合适的信号处理来实现。典型的"症状"是时域函数(如幅度、算术或二次平均值、限值、动态趋势、振幅分布或包络的统计矩)和频域函数(如谱功率密度、频率谱线、倒谱分析等)。该方法主要用于稳定状态的过程中。对于那些有广泛操作范围的动态系统,这一方法的故障检测效率是相当有限的。

(4)基于解析模型的故障诊断。该方法的核心是解析过程模型的可用性。解析过程模型是一个可以描述过程动力学和其主要特征的数学模型。故障诊断系统中的解析模型包括两部分:①残差信号的产生。残差信号是测量的过程变量和基于模型的估计值的差。②残差评价与决策制作。由于解析过程模型是嵌入式的,此方法在处理动态过程中的故障诊断时,功能是很强大的。

本书的重点是基于过程数据的故障诊断和在统计数据框架内实现基于解析模型的方法,即数据驱动的故障诊断系统设计。数据驱动技术广泛应用于以过程监控和诊断为目的的过程工业中。

本书由孙原理翻译和统稿,苗润发、宋志浩校验,彭敏俊主审。在本书翻译的过程中,王航等为本书的翻译及其中的案例验证做了大量的工作,在此一并表示感谢。希望本书的出版能够对从事工程系统设备学习、设计、研发、管理等方面的研究生、工程技术人员有借鉴作用。

本书的版权引进、出版发行得到了哈尔滨工程大学出版社的大力支持,在此一并表示感谢。

最后,作为译者,我希望自己的努力可以为故障诊断技术在核工业以及其他大型系统和设备运行场景中的普及起到积极的推动作用,希望读者可以从本书中有所收获。本书在翻译风格上力求忠于原著,尽全力保证专业词汇表达的准确性。但是一些专业术语的译法难免存在偏颇,若有术语处理不当或是对相关技术方法的理解和掌握不明确之处,请广大读者批评指正。我的 E-mail: syl850122@126.com。

孙原理

2022 年 9 月 5 日于北京

# 术语翻译

| 符号列表 | 含义 |
| --- | --- |
| ARMAX | 具有外生输入的自回归移动平均 |
| ARX | 自回归外生 |
| BIC | 贝叶斯信息准则 |
| CSTH | 连续搅拌槽加热器 |
| CVA | 典型变量分析 |
| DO | 诊断观察员 |
| DPCA | 动态主成分分析 |
| DPLS | 动态偏最小二乘 |
| EM | 期望最大化 |
| FD | 故障检测 |
| FDD | 故障检测与诊断 |
| FDF | 故障检测滤波器 |
| FDI | 故障检测和隔离 |
| FDIA | 故障检测、隔离和分析 |
| FGMM | 有限高斯混合模型 |
| FTC | 容错控制 |
| GMM | 高斯混合模型 |
| ICA | 独立成分分析 |
| KPCA | 核主成分分析 |
| LPV | 线性参数变化 |
| LTI | 线性时不变 |
| MAP | 最大后验概率 |

| 符号列表 | 含义 |
| --- | --- |
| MLE | 最大似然估计 |
| MOESP | 多变量输出误差状态空间 |
| MPC | 模型预测控制器 |
| MSPM | 多变量统计过程监控 |
| N4SID | 数值子空间状态空间系统辨识 |
| NIPALS | 非线性迭代偏最小二乘算法 |
| PCA | 主成分分析 |
| PDF | 概率密度函数 |
| PI | 比例积分 |
| PLS | 偏最小二乘 |
| PS | 奇偶空间 |
| PWA | 分段仿射 |
| PWARX | 分段自回归外生 |
| RBC | 基于重建的贡献 |
| SIM | 子空间辨识法 |
| SPE | 平方预测误差 |
| SPM | 统计过程监控 |
| SVC | 支持向量分类器 |
| SVD | 奇异值分解 |

| 数学符号 | 含义 |
| --- | --- |
| $\boldsymbol{x}^{\mathrm{T}}$ | $\boldsymbol{x}$ 的转置 |
| $\boldsymbol{X}^{\dagger}$ | $\boldsymbol{X}$ 的伪逆 |
| $\Vert \cdot \Vert$ | 2 - 范数 |
| $\hat{\boldsymbol{x}}$ | $\boldsymbol{x}$ 的估计 |
| $\mathbb{R}$ | 实数集 |

| 数学符号 | 含义 |
| --- | --- |
| $\mathbb{R}^n$ | $n$ 维实向量集 |
| $\mathbb{R}^{n\times m}$ | $n\times m$ 维实矩阵的集合 |
| $\in$ | 属于 |
| $p(x)$ | 状态概率 $x$ |
| $p(x\|y)$ | $x$ 的条件概率,给定 $y$ |
| $\boldsymbol{I}_{n\times n}$ | $n\times n$ 维恒等矩阵 |

| 控制理论符号 | 含义 |
| --- | --- |
| $\boldsymbol{u}$ | 输入向量 $\boldsymbol{y}$ 输出向量 |
| $\boldsymbol{x}$ | 状态向量 |
| $v$ | 传感器噪声 |
| $w$ | 过程扰动 |
| $d$ | 未知干扰 |
| $\boldsymbol{f}$ | 故障向量 |
| $l$ | 输入数量 |
| $m$ | 输出数量 |
| $n$ | 模型阶 |
| $\boldsymbol{A}$ | 系统矩阵 |
| $\boldsymbol{B}$ | 输入矩阵 |
| $\boldsymbol{C}$ | 输出矩阵 |
| $\boldsymbol{D}$ | 反馈矩阵 |
| $\boldsymbol{E}_d$ | 扰动矩阵 |
| $\boldsymbol{F}_d$ | 扰动反馈 |
| $\boldsymbol{E}_f$ | 过程故障分布矩阵 |
| $\boldsymbol{F}_f$ | 传感器故障分布矩阵 |
| $\boldsymbol{L}$ | 观测器增益矩阵 |
| $\gamma$ | 残差信号 |
| $V_s$ | 奇偶向量 |
| $\boldsymbol{H}_{u,s}$ | 输入分布矩阵 |
| $s$ | 奇偶向量的阶数 |
| $J_{\mathrm{th}}^{\mathrm{I}}$ | 相对于索引 $I$ 的阈值 |

| 统计符号 | 含义 |
| --- | --- |
| $\boldsymbol{\Sigma}$ | 协方差矩阵 |
| $\boldsymbol{\mu}$ | 平均向量 |
| $\alpha$ | 置信度 |
| $N$ | 正态分布 |
| $u$ | 均匀分布 |
| $F$ | $F$ 分布 |
| $x^2$ | 卡方分布 |
| $E\{x\}$ | $x$ 的统计期望 |

# 目　录

# 第1章　介　　绍

近几十年来的技术发展使现代工业和制造系统更加复杂，使其在设计、分析和集成方面面临越来越大的挑战。在这些系统中，资产管理和设备维护在提高经济运行、产品质量、系统整体可靠性和安全性[58]方面起着至关重要的作用。在大型系统中，例如过程工业，大多数损失和维修都是由于设备和控制系统老化引起的故障，组件的意外相互作用，组件的误用等[109]。考虑到此类系统的规模和复杂性，工厂工程师很难检测到异常并找到异常事件的原因。在这些情况下，操作人员人为错误是不可避免的，这可能导致更大的损失。但如果事先发现和控制系统故障，则可以减少经济损失。

在美国的一项调查中，据估计，由于工艺异常，石油化工行业每年损失200亿美元[108]。另一项调查表明工业系统异常早期检测重要性的例子是2012年9月24日在德国克雷费尔德发生的事件。一家化肥制造公司的火灾产生了一团巨大的烟雾，远至杜塞尔多夫、杜伊斯堡和莱茵河下游的其他城市都可以看到。初步调查结果显示，物料搬运和输送系统的技术缺陷是事故发生的原因[101]。初步估计显示，该事件造成的经济损失达数千万欧元[102]。

除了经济方面之外，还有许多其他激励措施用于开发自动检测、诊断和预防工厂故障的方法。这促使学术界从20世纪70年代初开始研究和开发检测与分析系统故障的方法，即自动控制领域中的故障诊断[37]。

## 1.1 故障诊断问题

在开始讨论故障诊断的整体概念之前，让我们描述一下故障的含义。根据国际自动控制联合会（IFAC）技术委员会安全性国际会议（SAFEPROCESS）的定义[56]："故障是系统至少一个特征属性或参数与可接受/通常/标准条件之间存在不允许的偏差。"

故障诊断任务包括以下重要组成部分[38]：

- 故障检测：过程功能单元中出现故障的检测时间，这些故障导致整个系统出现不希望或不可接受的行为。
- 故障隔离：不同故障的定位。
- 故障分析或识别：确定故障的类型、大小和原因。

根据功能不同，故障诊断系统通常被称为故障检测（FD）、故障检测和隔离（FDI）或故障检测、隔离和分析（FDIA）。

## 1.2 故障诊断方法的分类

传统的故障检测与诊断（FDD）方法是基于硬件冗余的故障诊断，是使用相同（冗余）的硬件重建过程组件[38]。如果过程组件的输出不同于其冗余组件之一，就会检测到过程组件中的故障。该方法的优点是它具有高可靠性和直接对故障隔离，但由于冗余硬件的使用会导致高成本，其应用仅限于航天器和核电站等安全关键系统[108]。

在过去的30年中，现代控制理论及计算机技术的进步促进了数学建模、系统识别和状态估计的快速进步,这些技术为 FDD 提供了新颖的方案。这些方案的基本思想是用计算机软件和过程模型替换硬件冗余,这一过程称为分析冗余。过程模型是对过程的定量描述,通过第一性原理或其定性描述获得。为了检测系统中的故障,其与硬件冗余方案相同,将工厂输出与分析模型提供的估计值进行比较。测得的输出与其估计值之间的差异称为残差信号,其在无故障情况下为零,在故障情况下偏离零。创建此信号的过程称为残差生成。残差信号传递与工厂中存在的故障、不确定性和未知干扰的信息有关。为了提取有关故障的有用信息,通常对残差信号进行后处理,这一过程称为残差评估。由于这些方法基于从过程派生的模型,因此它们也称为基于模型的故障诊断技术。基于模型的故障诊断方案如图 1.1 所示。

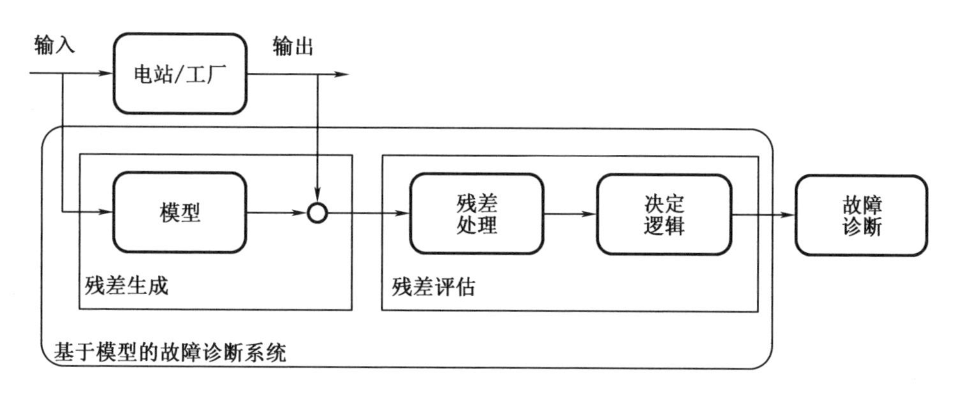


**图 1.1　基于模型的故障诊断方案**[29]

基于定量模型的 FDD 开发的大多数方案都基于现代控制理论中的滤波和估计技术(例如卡尔曼滤波和基于观察者的技术[5,37,88])。已经提出了使用基于最小二乘法的在线参数估计的 FDD 方法来检测未知参数的漂移[55]。另一类被广泛研究的基于模型的 FDD 方法是奇偶空间(PS)方法,其核心是系统在所谓的奇偶校验关系形式中的表示[24,80,119]。

与基于定量模型的方案不同,在基于定性模型的方法中,过程模型是从系统的一些基本物理知识中派生出来的,并以因果关系和 if-then-else 规则的形式表示。可以使用这个定性模型和给定的观察结果来推断正确的决策[109]。这类 FDD 方法在大规模系统中非常有用,因为在大规模系统中获得定量过程模型是困难的或不可行的。

然而,在许多大规模的工业过程中,由系统的复杂性和大量的实际观察得出结论,基于第一性原理推导定量和定性模型是不合理的。在这种情况下,需要直接从过程输入和输出数据对过程进行建模。在工业应用中,过程计算机定期收集的历史数据包含每隔几秒钟测量的数百到数千个彼此高度相关的变量。此外,数据的统计等级非常低,负责处理过程中的变化仅取决于少数几个独立来源的变量,可以解释为该过程是由系统中的一小组独立变量驱动的。为此,已经开发了几种基于多元统计的方法[48, 50, 67, 92],称为多元统计过程监控方法。多元统计过程监控方法的主要目标是从大量过程测量中获得少量有意义的测量值,这些测量值反映了工厂的错误行为。

一般来说,现代技术过程是非线性动态过程,不同的产品规格和约束条件,使它们在不同的运行状态下工作。基于线性假设,经典的多元统计过程监控方法无法解决过程的这一方面。因此,基于模型的技术和统计工具的结合得到了人们更多的关注,并可与过滤、估计和识别理论相结合。一种直观的方法是使用识别技术估计系统模型,并使用基于模型的技术设计 FDI 方案[96]。

FDI 系统设计的第一个问题是检测性能,即残差信号对故障的敏感性及其对干扰的鲁棒性。为此,在过去的 20 年中,已经有无数人努力建立有效的 FDI 改进计划以提高其灵敏度和鲁棒性。FDD 技术的历史发展如图 1.2 所示。

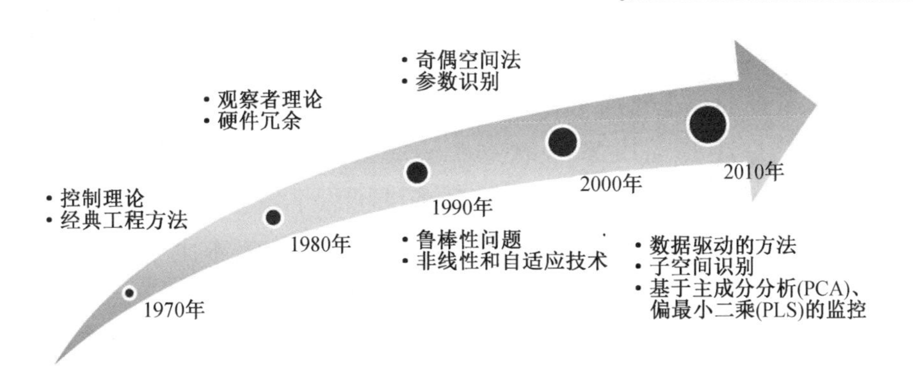


图 1.2　FDD 技术的历史发展

# 1.3　动机和目标

在许多工业制造和生产应用中,早期发现影响产品质量的故障非常重要。基于第一性原理得到分析过程模型,基于模型的方案已经很好地用于监测和诊断[29]。在过去的几十年中,加工厂的复杂性增加了,这给监测方法的建模和设计带来了巨大的挑战。由于基于模型的技术需要严格分析过程模型,因此它们在复杂的大型工厂上的应用有时是不可行的,并且不切实际。另一方面,在现代技术流程中,大量的过程变量被测量并被记录在历史记录中,可用于设计监控系统。使用历史过程数据时,完善的数据驱动方法提供了一个强大的工具,用来提取有用的信息并发现过程的底层结构。

然而,许多工业过程在本质上是非线性的,需要根据不同的产品规格、工作环境和经济成本,选用不同的运行操作机制。由于过程的非线性,主要基于线性假设的经典多元统计过程监控方法的性能变得不令人满意,因为过程模型会从一个操作点变化到另一个操作点,会导致误报或未检测到故障。

基于上述原因,本书所述工作的主要目标是考虑工厂的非线性行为及其复杂性,为现代工业系统开发有效的故障诊断技术。为此,从工厂整体性能的角度来考虑 FDI 问题,重点检测那些影响工厂性能和生产质量的故障。除此之外,还考虑了以下重要的实际问题:

- 复杂工业系统的建模需要较多的工程工作。本书提出的 FDD 技术基于可用的过程与历史数据,从而最大限度地减少设计步骤中的工程工作以及建模中的不确定性。
- 大多数 FDD 技术都基于系统是线性时不变的假设,因此其应用仅限于此类系统。虽然电厂的线性化模型可用于 FDD 设计,但是在许多应用中,由于设定点的变化,这些技术的性能将无法令人信服。
- FDD 方法用于检测和诊断过程中的故障。从工厂的角度来看,那些影响工厂性能、产品质量并产生资产损失的故障非常重要。因此,FDD 系统应能够评估故障对电厂性能和产品质量的影响,并评估其资产损失。
- 通常需要将人类专家知识集成到诊断系统中。在这项工作中,贝叶斯推理技术已被用于将有关系统中某些事件的过程与专家知识结合起来。
- 大型工业系统通常配备多个传感器,需要对数千个信号进行测量和记录,这将需要极大的监控算法的内存存储,同时也会增加在线计算成本。因此,监控算法应采用低计算量和低内存负载的高效设计。

故障检测隔离成功后,应对系统故障部件进行维修或更换。此外,应能够通过改变系统中特定组件的设置来临时补救故障后果,例如:重新调整控制器并将维修推迟到下一次核电厂停机,以降低维护成本。因此,有必要建立一个决策支持系统,该系统可以帮助电厂工程师确定故障部件,并帮助他们根据电厂当前的情况和约束条件执行正确的纠正操作。为了解决这个问题,本书提出了一种方法,将

FDD结果与纠正操作的资产评估及其对系统总体性能的影响相结合。

## 1.4 大 纲

在本章的最后部分，将简要介绍本书的结构。

第2章概述了技术系统的表示。本章将讨论最常见的基于模型的FDD方法、数据驱动方法及其组合；还讨论了故障检测滤波器(FDF)、诊断观测器(DO)、奇偶空间(PS)法及其相互关系。本章还介绍了多元统计过程监控中常用的主成分分析和偏最小二乘法(PLS方法)，从实用角度讨论了它们的优缺点，并介绍了它们的最新进展和发展方向。

第3章研究非线性平稳过程中面向性能的FD问题。为此，根据每种工作模式，将非线性系统视为分段线性系统，并提出了一种新的多模式系统中影响产品质量的故障检测方法。采用了一个新的FD指数，该指数表示系统中发生故障的概率，重点是影响产品质量的故障。

第4章描述了第3章中开发的方法在所考虑的过程是动态系统的情况下的进一步应用。针对多模态系统的动态变化问题，提出了一种非线性多模态动态系统故障检测的新方法。利用历史数据识别系统的奇偶空间表示，并在此基础上提出了一种基于多观测器的残差生成方案，进一步利用贝叶斯推理技术结合局部结果，建立全局故障检测指标。

第5章的重点是故障隔离。检测到系统故障后，在执行纠正操作之前隔离故障至关重要。本章首先概述了经典的故障隔离贡献分析和基于重构的贡献分析；然后，提出了一种新的概率方法来解决非线性多模态系统的故障隔离问题。

第 6 章讨论了流程监控链中的最后一个元素,即决策支持系统。故障检测和隔离成功后,系统必须从异常情况中恢复,应修理或更换故障部件。决策支持系统的任务是指导操作员根据对当前电厂状况和约束的评估,执行最适当的纠正操作。为此,本章提出了一个决策支持系统,该系统将 FDI 结果与可能的纠正操作的经济评估相结合,以找到对电厂整体性能影响较大且成本较低的最佳纠正措施。

第 7 章通过基准示例演示了前几章中开发的算法;将所提出的方法与现有方法进行了部分比较,并讨论了它们的性能和有效性。为此,本章考虑了连续搅拌槽加热器的实验室设置;为了评估工业规模的结果,还使用从纸板机获得的数据演示了这些方法。

第 8 章总结了已经完成的工作,并对未来的发展方向进行了概述。为清楚起见,各章的组织结构如图 1.3 所示。

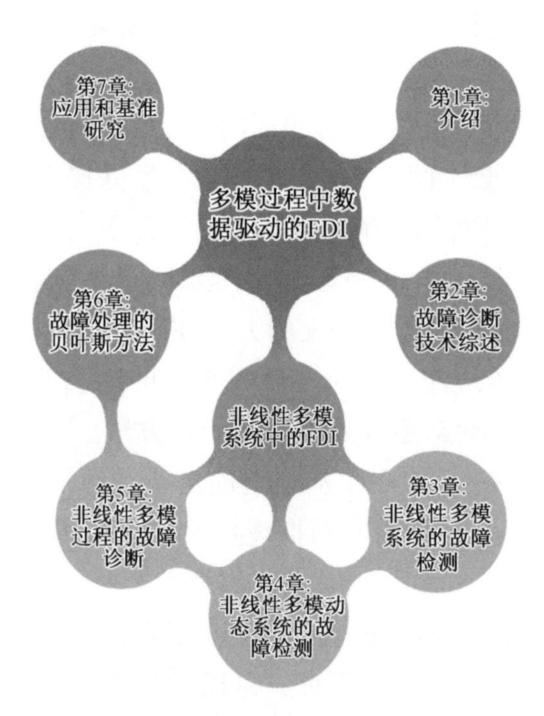


**图 1.3　各章的组织结构**

# 第 2 章　故障诊断技术综述

一般而言,FDD 的主要目标是将过程观察值转换为一些度量值,指示过程行为的异常,从而帮助电厂工程师确定电厂的状态。一种直观的方法可能是极限感应,即定义信号阈值,并在信号超过阈值时发出警报[96]。极限感应虽然简单,但是有几个缺点,例如:它没有考虑电站不同系统之间的相互作用以及观测值之间的相关性。此外,在由数千个变量组成的大规模过程中设置阈值和监测测量值是不可行的。

提供指示电厂行为异常信息的另一种方法是使用硬件或分析形式的冗余。基于分析冗余方法的核心是一个与过程并行运行的过程模型,它提供了过程输出的估计。这些模型是通过严格的方法推导出来的,例如第一性原则。然而,获取大规模复杂工业过程的数学过程模型是一项具有挑战性的任务。

最近的发展,现代工业过程正变得越来越工具化,在历史运行过程中测量和记录了大量数据,这些数据可用于 FDD 系统的数据驱动设计。

本章第一部分首先概述了现有的基于模型的 FDD 方法及其特点,随后讨论了过程监控和 FDD 的数据驱动方法。但在开始讨论基于模型的 FDD 方法之前,让我们简要概述一下本书中使用的流程模型的表示。

## 2.1 技术工艺流程的表示形式

线性时不变(LTI)系统是实际中考虑的最重要的动态系统表示。LTI 系统的时域实现可以用不同的形式表示,如自回归外生(ARX)、具有外生输入的自回归移动平均(ARMAX)[78]。下面给出了 LTI 系统的 ARX 表示:

$$y(k) = \sum_{i=1}^{n_a} a_i y(k-i) + \sum_{j=1}^{n_b} b_j u(k-j) \tag{2.1}$$

然而,动态系统最有用的时域表示是状态空间表示,因为系统的物理知识可以更有效地融入状态空间模型中。在状态空间模型中,过程输入、噪声和输出之间的关系由一阶常微分方程组通过状态向量描述。离散时间 LTI 系统状态空间描述的标准形式如下所示:

$$\begin{cases} \boldsymbol{x}(k+1) = \boldsymbol{A}\boldsymbol{x}(k) + \boldsymbol{B}\boldsymbol{u}(k) \\ \boldsymbol{y}(k) = \boldsymbol{C}\boldsymbol{x}(k) + \boldsymbol{D}\boldsymbol{u}(k) \end{cases} \tag{2.2}$$

式中,$\boldsymbol{x}(k) \in \mathbb{R}^n$,是在初始条件 $\boldsymbol{x}(0) = \boldsymbol{x}_0$ 下,离散时间 $k$ 时刻的状态向量;$\boldsymbol{u}(k) \in \mathbb{R}^i$,是输入变量;$\boldsymbol{y}(k) \in \mathbb{R}^m$,是 $k$ 时刻的输出变量;$\boldsymbol{A} \in \mathbb{R}^{n\times n}$,称为系统矩阵,描述系统的特征动力学;$\boldsymbol{B} \in \mathbb{R}^{n\times l}$,是输入矩阵,表示输入向量在瞬间 $k+1$ 时刻影响状态向量的线性变换;$\boldsymbol{C} \in \mathbb{R}^{m\times n}$,显示内部状态如何转移到流程输出;$\boldsymbol{D} \in \mathbb{R}^{m\times l}$,称为直接反馈通项[107]。式(2.2)中状态空间表示的方框图绘制在图 2.1 中。

在实践中,环境干扰常常会导致过程的意外变化,过程测量不可避免地受到噪声的污染。可将过程扰动和噪声集成到式(2.2)状态空间方程中,如下所示:

$$\begin{cases} \boldsymbol{x}(k+1) = \boldsymbol{A}\boldsymbol{x}(k) + \boldsymbol{B}\boldsymbol{u}(k) + \boldsymbol{E}_d\boldsymbol{d}(k) + \boldsymbol{w}(k) \\ \boldsymbol{y}(k) = \boldsymbol{C}\boldsymbol{x}(k) + \boldsymbol{D}\boldsymbol{u}(k) + \boldsymbol{F}_d\boldsymbol{d}(k) + \boldsymbol{v}(k) \end{cases} \tag{2.3}$$

式中,$\boldsymbol{d}(k) \in \mathbb{R}^{k_d}$,是未知干扰向量;$\boldsymbol{E}_d$、$\boldsymbol{F}_d$ 是具有适当维数的常数矩

阵;向量 $\boldsymbol{w}(k)$ 和 $\boldsymbol{v}(k)$ 是不可测量的白噪声序列。

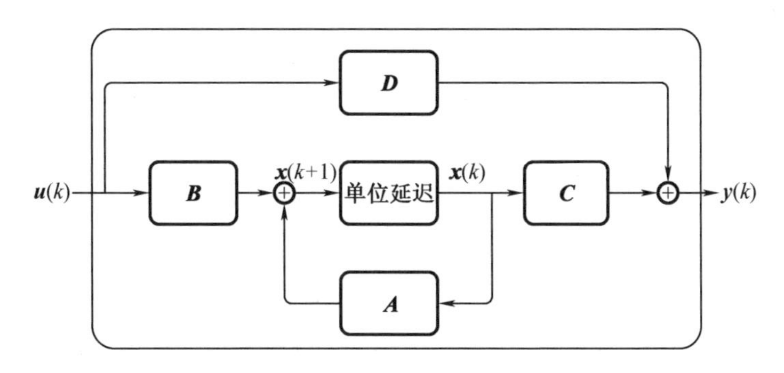


图 2.1　状态空间表示方框图

在流程建模中引入故障也很有趣。式(2.2)状态空间模型中的故障积分如下所示:

$$\begin{cases}\boldsymbol{x}(k+1)=\boldsymbol{A}\boldsymbol{x}(k)+\boldsymbol{B}\boldsymbol{u}(k)+\boldsymbol{E}_f\boldsymbol{f}(k)\\ \boldsymbol{y}(k)=\boldsymbol{C}\boldsymbol{x}(k)+\boldsymbol{D}\boldsymbol{u}(k)+\boldsymbol{F}_f\boldsymbol{f}(k)\end{cases}\tag{2.4}$$

式中,$\boldsymbol{f}(k)\in\mathbb{R}^{k_f}$,是故障向量;$\boldsymbol{E}_f$、$\boldsymbol{F}_f$ 是具有适当维数的故障分布矩阵,表示故障发生的位置(即传感器、执行器或过程)及其影响系统的方式(即相加或相乘)。

## 2.2　基于模型的故障诊断技术

如前所述,基于模型的 FDD 技术的基本原理是从系统物理描述中获得过程模型。20 世纪 70 年代初,在新建立的观测器理论的推动下,第一种基于模型的故障检测方法被提出[6]。自此,各种方法被开发和报道,例如诊断观测器、奇偶空间法及其性能和鲁棒性已经得到研究。从工业角度来看,它们也得到了极大的关注,并被用于不同的领域。为了简短起见,在现有的基于模型的 FDD 技术中,本节介绍了受学术界和工业界广泛关注的故障检测滤波器、基于诊断观测器和基于奇偶空间法的残差发生器。此外,还介绍了它们之间的联系、比较和一些特点。

### 2.2.1 故障检测滤波器

基于观测器的残差生成技术起源于 Beard[6] 和 Jones[63] 的开创性工作,称为故障检测滤波器(FDF)。FDF 的构造是通过设计一个全阶状态观测器来实现的。考虑由式(2.2)中的状态空间方程描述的离散 LTI 系统,系统的 FDF 可以构造为

$$\begin{cases}\hat{\boldsymbol{x}}(k+1)=\boldsymbol{A}\hat{\boldsymbol{x}}(k)+\boldsymbol{Bu}(k)+\boldsymbol{L}(\boldsymbol{y}(k)-\hat{\boldsymbol{y}}(k))\\ \hat{\boldsymbol{y}}(k)=\boldsymbol{C}\hat{\boldsymbol{x}}(k)+\boldsymbol{Du}(k)\end{cases}\tag{2.5}$$

式中,$\boldsymbol{L}$ 是观测器增益,选择时应确保 $\boldsymbol{A}-\boldsymbol{LC}$ 是稳定的(即其特征值位于单位圆内)。在这种情况下

$$\lim_{k\to\infty}(\boldsymbol{x}(k)-\hat{\boldsymbol{x}}(k))=0\tag{2.6}$$

值得一提的是,$\boldsymbol{L}$ 的选择会强烈影响估计的性能。通过选择 $\boldsymbol{e}(k)=\boldsymbol{x}(k)-\hat{\boldsymbol{x}}(k)$,残差发生器中估计误差的动态描述为

$$\begin{cases}\boldsymbol{e}(k+1)=(\boldsymbol{A}-\boldsymbol{LC})\boldsymbol{e}(k)\\ \boldsymbol{r}(k)=\boldsymbol{Ce}(k)\end{cases}\tag{2.7}$$

式中,$\boldsymbol{r}$ 是残余信号,定义为 $\boldsymbol{r}(k)=\boldsymbol{y}(k)-\hat{\boldsymbol{y}}(k)$。在实践中,通常使用后滤波器来提高 FDF 的灵敏度和鲁棒性,如下所示:

$$\boldsymbol{r}(k)=\boldsymbol{V}(\boldsymbol{y}(k)-\hat{\boldsymbol{y}}(k))\tag{2.8}$$

因此,FDF 的设计可以概括为观测器增益 $\boldsymbol{L}$ 和后滤波器 $\boldsymbol{V}$ 的优化选择,以实现高估计性能、故障敏感性和抗干扰鲁棒性。FDF 的主要缺点是在线实现全阶状态观测器,因为在许多应用中,降阶观测器可能会为 FDD 提供相同的信息。

### 2.2.2 诊断观测器

基本上诊断观测器(DO)是用于残差生成目的的 Luenberger(输

出)观测器的一种形式。Luenberger 观察器由式(2.9)描述[79]:

$$\begin{cases} \boldsymbol{z}(k+1) = \boldsymbol{A}_z\boldsymbol{z}(k) + \boldsymbol{B}_z\boldsymbol{u}(k) + \boldsymbol{L}_z\boldsymbol{y}(k) \\ \hat{\boldsymbol{y}}(k) = \overline{\boldsymbol{C}}_z\boldsymbol{z}(k) + \overline{\boldsymbol{D}}_z\boldsymbol{u}(k) + \overline{\boldsymbol{G}}_z\boldsymbol{y}(k) \end{cases} \tag{2.9}$$

式中,$\boldsymbol{z} \in \mathbb{R}^s$,$s$ 表示观测器的阶数,小于或等于系统 $n$ 的阶数。式(2.9)中的观测器设计通过求解所谓的 Luenberger 方程来实现:

- $\boldsymbol{A}_z$稳定
- $\boldsymbol{TA} - \boldsymbol{A}_z\boldsymbol{T} = \boldsymbol{L}_z\boldsymbol{C}, \boldsymbol{B}_z = \boldsymbol{TB} - \boldsymbol{L}_z\boldsymbol{D}$
- $\boldsymbol{C} = \overline{\boldsymbol{C}}_z\boldsymbol{T} + \overline{\boldsymbol{G}}_z\boldsymbol{C}, \overline{\boldsymbol{D}}_z = -\overline{\boldsymbol{G}}_z\boldsymbol{D} + \boldsymbol{D}$

式中,$\boldsymbol{T}$ 是状态变换矩阵。考虑 $\boldsymbol{e}(k) = \boldsymbol{Tx}(k) - \boldsymbol{z}(k)$ 作为观测器估计误差,其动力学由

$$\begin{cases} \boldsymbol{e}(k+1) = \boldsymbol{A}_z\boldsymbol{e}(k) \\ \boldsymbol{y}(k) - \hat{\boldsymbol{y}}(k) = \overline{\boldsymbol{C}}_z\boldsymbol{e}(k) \end{cases} \tag{2.10}$$

提供输出信号的无偏估计。

出于 FDD 目的,残差发生器可按以下形式构造:

$$\begin{cases} \boldsymbol{z}(k+1) = \boldsymbol{A}_z\boldsymbol{z}(k) + \boldsymbol{B}_z\boldsymbol{u}(k) + \boldsymbol{L}_z\boldsymbol{y}(k) \\ \boldsymbol{r}(k) = \boldsymbol{g}_z\boldsymbol{z}(k) - \boldsymbol{c}_z\boldsymbol{z}(k) - \boldsymbol{d}_z\boldsymbol{u}(k) \end{cases} \tag{2.11}$$

式中,$\boldsymbol{r}(k) \in \mathbb{R}$,为残余信号,$\boldsymbol{g}_z = \boldsymbol{V}(\boldsymbol{I} - \boldsymbol{G}_z)$,$\boldsymbol{c}_z = \boldsymbol{V}\overline{\boldsymbol{C}}_z$,$\boldsymbol{d}_z = \boldsymbol{V}\overline{\boldsymbol{D}}_z$。在这种情况下,第三个 Luenberger 条件应替换为

$$\boldsymbol{VC} - \boldsymbol{g}_z\boldsymbol{T} = 0, \boldsymbol{d}_z = \boldsymbol{VD} \tag{2.12}$$

与 FDF 相比,DO 的主要优点是通过降阶观测器实现简单的在线实现和较低的计算成本。在过去的 30 多年里,研究人员已经开发了大量的算法来求解 Luenberger 方程,并对解的存在条件、观测器的最小阶数和参数化进行了深入研究[29]。

### 2.2.3 奇偶空间法

在本节中,描述了残差生成的奇偶空间法。在这种方法中,为了产生残差,使用所谓的奇偶关系代替观测器。考虑式(2.2)所示系统

的状态空间模型,使用过去的 $s$ 输入和输出测量值,状态空间方程可以用以下形式描述[80]:

$$\boldsymbol{y}_s(k)=\boldsymbol{\Gamma}_s\boldsymbol{x}(k-s+1)+\boldsymbol{H}_{u,s}\boldsymbol{u}_s(k)+\boldsymbol{H}_{d,s}\boldsymbol{d}_s(k) \tag{2.13}$$

其中奇偶关系:

$$\begin{cases}
\boldsymbol{y}_s(k)=\begin{bmatrix}\boldsymbol{y}(k-s+1)\\ \boldsymbol{y}(k-s+2)\\ \vdots\\ \boldsymbol{y}(k)\end{bmatrix}\in\mathbb{R}^{sm}\\
\boldsymbol{u}_s(k)=\begin{bmatrix}\boldsymbol{u}(k-s+1)\\ \boldsymbol{u}(k-s+2)\\ \vdots\\ \boldsymbol{u}(k)\end{bmatrix}\in\mathbb{R}^{sl}\\
\boldsymbol{\Gamma}_s=\begin{bmatrix}\boldsymbol{C}\\ \boldsymbol{CA}\\ \vdots\\ \boldsymbol{CA}^{s-1}\end{bmatrix}\in\mathbb{R}^{sm\times n}\\
\boldsymbol{d}_s(k)=\begin{bmatrix}\boldsymbol{d}(k-s+1)\\ \boldsymbol{d}(k-s+2)\\ \vdots\\ \boldsymbol{d}(k)\end{bmatrix}\in\mathbb{R}^{sk_d}\\
\boldsymbol{H}_{u,s}=\begin{bmatrix}\boldsymbol{D} & \boldsymbol{0} & \cdots & \boldsymbol{0}\\ \boldsymbol{CB} & \boldsymbol{D} & \ddots & \vdots\\ \vdots & \ddots & \ddots & \boldsymbol{0}\\ \boldsymbol{CA}^{s-2}\boldsymbol{B} & \cdots & \boldsymbol{CB} & \boldsymbol{D}\end{bmatrix}\in\mathbb{R}^{sm\times sl}\\
\boldsymbol{H}_{d,s}=\begin{bmatrix}\boldsymbol{F}_d & \boldsymbol{0} & \cdots & \boldsymbol{0}\\ \boldsymbol{CE}_d & \boldsymbol{F}_d & \ddots & \vdots\\ \vdots & \ddots & \ddots & \boldsymbol{0}\\ \boldsymbol{CA}^{s-2}\boldsymbol{E}_d & \cdots & \boldsymbol{CE}_d & \boldsymbol{F}_d\end{bmatrix}\in\mathbb{R}^{sm\times sk_d}
\end{cases} \tag{2.14}$$

式中,$s$ 表示奇偶空间的阶。式(2.13)中的奇偶关系描述了包含系统过去状态的过程输入和输出之间的关系。

移除式(2.13)中与过去状态向量 $\boldsymbol{x}(k)$ 相关的项 $\boldsymbol{x}(k-s+1)$,考虑 $s \geqslant n$ 并假设以下等式条件成立:

$$\operatorname{rank}(\boldsymbol{\Gamma}_s)=n \tag{2.15}$$

并且该对$(C,A)$是可观测的,至少存在一个行向量 $\boldsymbol{v}_s \in \mathbb{R}^{sm}(\neq \boldsymbol{0})$,满足

$$\boldsymbol{v}_s \boldsymbol{\Gamma}_s=\boldsymbol{0} \tag{2.16}$$

式(2.16)中的向量 $\boldsymbol{v}_s$ 在奇偶空间法中起着中心作用,通常被称为奇偶向量。满足式(2.16)的奇偶向量所跨越的空间称为奇偶空间

$$\mathcal{P}_s=\{\boldsymbol{v}_s \mid \boldsymbol{v}_s \boldsymbol{\Gamma}_s=0\} \tag{2.17}$$

忽略式(2.13)中的干扰项,奇偶空间残差发生器由式(2.18)表示:

$$r(k)=\boldsymbol{v}_s(\boldsymbol{y}_s(k)-\boldsymbol{H}_{u,s}\boldsymbol{u}_s(k)) \tag{2.18}$$

在无故障和无干扰的情况下,式(2.18)中的残差信号 $r(k)$ 等于零。通常,设计形式为

$$r(k)=\boldsymbol{v}_s(\boldsymbol{H}_{d,s}\boldsymbol{d}_s(k)+\boldsymbol{H}_{f,s}\boldsymbol{f}_s(k)) \tag{2.19}$$

式中 $\boldsymbol{f}_{f,s}$、$\boldsymbol{f}_s(k)$ 的构造形式与式(2.14)中所示相似。方程式(2.19)表明,残差信号取决于故障和干扰。奇偶空间法的灵敏度和鲁棒性已经得到了广泛的研究。更多详细信息请参阅文献[14,29]。

与基于 DO 的残差发生器相比,基于 PS 的残差发生器的构造非常简单。设计步骤包括通过解决式(2.16)中的线性优化问题来计算奇偶向量。基于 PS 方法的在线实现需要考虑过去状态和时间数据,这与基于 DO 的方法相比是一个缺点。

### 2.2.4 PS 和 DO 之间的关系

基于诊断观测器和奇偶空间法是两种常用的残差生成方法。对

不同残差生成技术的互连和比较的研究揭示了 PS 和 DO 方法的设计参数之间有趣的一对一关系[29,137]。这意味着，式（2.11）中 Luenberger 观测器的设计参数可以从奇偶向量中获得，反之亦然。如文献[31]所述，给定奇偶向量 $\boldsymbol{v}_s=[\boldsymbol{v}_{s,0}\quad \boldsymbol{v}_{s,1}\quad \cdots\quad \boldsymbol{v}_{s,s-1}]$，DO 的参数可通过以下方式获得：

$$\begin{cases}\boldsymbol{A}_z=\begin{bmatrix}0&0&\cdots&0&0\\1&0&\cdots&0&0\\\vdots&\vdots&&\vdots&\vdots\\0&0&\cdots&1&0\end{bmatrix}\\ \boldsymbol{L}_z=\begin{bmatrix}\boldsymbol{v}_{s,0}\\\boldsymbol{v}_{s,1}\\\vdots\\\boldsymbol{v}_{s,s-2}\end{bmatrix}\\ \boldsymbol{c}_z=[0\quad\cdots\quad 0\quad 1]\\ \boldsymbol{g}_z=\boldsymbol{v}_{s,s-1}\\ \boldsymbol{d}_z=\boldsymbol{gD}\\ \boldsymbol{B}_z=\begin{bmatrix}\boldsymbol{v}_{s,0}&\boldsymbol{v}_{s,1}&\cdots&\boldsymbol{v}_{s,s-1}\\\boldsymbol{v}_{s,1}&\boldsymbol{v}_{s,2}&\cdots&\boldsymbol{0}\\\vdots&\ddots&\ddots&\vdots\\\boldsymbol{v}_{s,s-1}&\boldsymbol{0}&\cdots&\boldsymbol{0}\end{bmatrix}\begin{bmatrix}\boldsymbol{D}\\\boldsymbol{CB}\\\boldsymbol{CAB}\\\vdots\\\boldsymbol{CA}^{s-2}\boldsymbol{B}\end{bmatrix}\\ \boldsymbol{T}=\begin{bmatrix}\boldsymbol{v}_{s,1}&\boldsymbol{v}_{s,2}&\cdots&\boldsymbol{v}_{s,s-1}\\\boldsymbol{v}_{s,2}&\boldsymbol{v}_{s,3}&\cdots&\boldsymbol{0}\\\vdots&\ddots&\ddots&\vdots\\\boldsymbol{v}_{s,s-1}&\boldsymbol{0}&\cdots&\boldsymbol{0}\end{bmatrix}\begin{bmatrix}\boldsymbol{C}\\\boldsymbol{CA}\\\vdots\\\boldsymbol{CA}^{s-2}\end{bmatrix}\end{cases}\tag{2.20}$$

或者给定诊断观测器 $\boldsymbol{A}_z$、$\boldsymbol{L}_z$、$\boldsymbol{T}$、$\boldsymbol{C}_z$、$\boldsymbol{g}_z$ 的矩阵，奇偶向量 $\boldsymbol{v}_s$ 可以通过以下方式获得：

$$\boldsymbol{v}_{s,s-1}=\boldsymbol{g}_z,\quad \begin{bmatrix} \boldsymbol{v}_{s,0} \\ \boldsymbol{v}_{s,1} \\ \vdots \\ \boldsymbol{v}_{s,s-2} \end{bmatrix} = -\boldsymbol{L}_z \tag{2.21}$$

这种一对一的关系揭示了一个事实，即基于 PS 方法中简单的离线设计步骤可以与 DO 的高效在线实现相结合。在该方案中，在离线设计步骤中获得奇偶向量，然后利用式(2.20)直接计算诊断观测器的参数。与基于 PS 的残差生成方法相比，该方法利用时态数据进行在线实现。此外，DO 提供了任意选择 $\boldsymbol{A}_z$ 的极点的可能性，以实现期望的估计性能。

## 2.3 统计过程监控

基于模型的 FDD 假设定量过程模型的可用性，在现代技术过程中并不总是如此。相反，电厂历史数据可用于建立 FDD 统计模型。近年来，利用技术和计算机科学的进步，基于被称为统计过程监控(SPM)方法的不同统计方法，开发了各种过程监控方案。可用的 SPM 技术包括从简单的极限感知到高级时间序列分析、分类和回归方法。它们的应用已扩展到化学计量学和过程控制等不同领域[96]。

基于极限感知的方法为每次观测确定阈值，忽略了测量中的序列和空间相关性。为了处理空间相关性，开发了基于主成分分析(PCA)的监测方法。PCA 是一种降维技术，它考虑了过程变量之间的相关性，并捕获了数据中最多的变化。另一种基本的 SPM 方法是偏最小二乘(PLS)。PLS 方法已以与 PCA 类似的方式用于过程监控。PLS 方法试图以这样一种方式对数据进行分解，使预测值和预测变量之间的相关性最大化。本节将介绍这两种常见的统计过程监控方法及其应用和扩展。

### 2.3.1 主成分分析

主成分分析是一种最佳的线性降维技术，可以捕获数据中的最大变化。通过将数据投影到一组称为加载向量的正交向量上，可以在不丢失重要信息的情况下解释数据中的最大方差，从而减小监控空间的维数。其处理大量高度相关数据的能力及其简单的实现使其成为工业过程监控的流行方法[94,110]。

基于 PCA 的过程监控离线设计或训练步骤基本上是一个特征值－特征向量问题。在训练步骤中，从系统的可用无故障测量值中获得 PCA 模型。让 $\boldsymbol{X} \in \mathbb{R}^{N \times m}$ 表示用作训练数据的 $m$ 个过程测量的 $N$ 个样本。数据矩阵 $\boldsymbol{X}$ 被缩放为零平均值，并可选地缩放为单位方差。均值居中是统计方法中的一个重要步骤，否则，加载向量不会描述数据中的最大变化方向。相反，它显示了平均方向和最大变化方向的组合（图 2.2）。PCA 方法将 $\boldsymbol{X}$ 分解为两个正交子空间：

$$\boldsymbol{X} = \boldsymbol{T}_{\mathrm{pc}}\boldsymbol{P}_{\mathrm{pc}}^{\mathrm{T}} + \boldsymbol{T}_{\mathrm{res}}\boldsymbol{P}_{\mathrm{res}}^{\mathrm{T}} = [\boldsymbol{T}_{\mathrm{pc}} \quad \boldsymbol{T}_{\mathrm{res}}][\boldsymbol{P}_{\mathrm{pc}} \quad \boldsymbol{P}_{\mathrm{res}}]^{\mathrm{T}} = \boldsymbol{T}\boldsymbol{P}^{\mathrm{T}} \tag{2.22}$$

式中，由 $\boldsymbol{P}_{\mathrm{pc}}$ 跨越的子空间称为主成分子空间，由 $\boldsymbol{P}_{\mathrm{res}}$ 跨越的子空间称为剩余子空间。根据 $\boldsymbol{T}$ 的列是正交的这一事实[92]，$\boldsymbol{P}$ 可以通过对协方差矩阵执行奇异值分解（SVD）获得，如下所示：

$$\Sigma_{x,x} = \frac{1}{N-1}\boldsymbol{X}^{\mathrm{T}}\boldsymbol{X} = \boldsymbol{P}\boldsymbol{\Lambda}\boldsymbol{P}^{\mathrm{T}} \tag{2.23}$$

式中，$\boldsymbol{\Lambda} = \mathrm{diag}(\sigma_1^2, \sigma_2^2, \cdots, \sigma_m^2)$ 是对角矩阵，包含协方差矩阵的特征值，降序排列。式(2.22)中的 $\boldsymbol{P}_{\mathrm{pc}} \in \mathbb{R}^{m \times a}$ 可以设置为 $\boldsymbol{P}$ 的列，对应于协方差矩阵的最大奇异值，$\boldsymbol{P}_{\mathrm{res}} \in \mathbb{R}^{m \times (m-a)}$ 对应于 $m-a$ 中最小的一个。主成分 $a$ 的数量可以使用某些标准确定，例如交叉验证测试[121]。图 2.2 显示了式(2.22)中 $m=2$ 和 $a=1$ 情况下的分解，用于中心平均值（标准化）和非中心平均值（非标准化）数据。

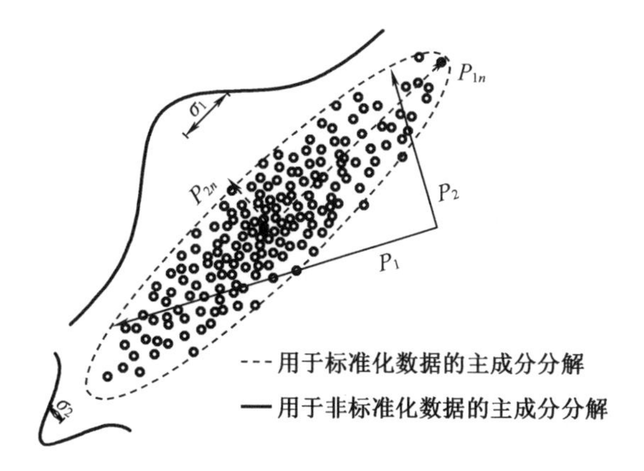


图 2.2 主成分分析

每个新的归一化测量样本 $\boldsymbol{x}$ 都可以投影到主子空间和剩余子空间上,如下所示:

$$\begin{cases}\hat{\boldsymbol{x}} = \boldsymbol{P}_{\mathrm{pc}}\boldsymbol{P}_{\mathrm{pc}}^{\mathrm{T}}\boldsymbol{x} \\ \tilde{\boldsymbol{x}} = \boldsymbol{P}_{\mathrm{res}}\boldsymbol{P}_{\mathrm{res}}^{\mathrm{T}}\boldsymbol{x} = (\boldsymbol{I} - \boldsymbol{P}_{\mathrm{pc}}\boldsymbol{P}_{\mathrm{pc}}^{\mathrm{T}})\boldsymbol{x}\end{cases} \tag{2.24}$$

式中

$$\boldsymbol{x} = \hat{\boldsymbol{x}} + \tilde{\boldsymbol{x}}$$

出于监测目的,可以使用所谓的 $T^2$ 统计量和平方预测误差(SPE):

$$\begin{cases}T^2 = \boldsymbol{x}^{\mathrm{T}}\boldsymbol{P}_{\mathrm{pc}}\boldsymbol{\Lambda}_{\mathrm{pc}}^{-1}\boldsymbol{P}_{\mathrm{pc}}^{\mathrm{T}}\boldsymbol{x} \\ \mathrm{SPE} = \boldsymbol{x}^{\mathrm{T}}\boldsymbol{P}_{\mathrm{res}}\boldsymbol{P}_{\mathrm{res}}^{\mathrm{T}}\boldsymbol{x}\end{cases} \tag{2.25}$$

如果指数超过相应的阈值,将检测到故障,由

$$\begin{cases}J_{\mathrm{th}}^{T^2} = \dfrac{a(N^2-1)}{N(N-a)}F_{\alpha}(a, N-a) \\ J_{\mathrm{th}}^{\mathrm{SPE}} = \theta_1\left(\dfrac{c_{\alpha}\sqrt{2\theta_2 h_0^2}}{\theta_1} + 1 + \dfrac{\theta_2 h_0(h_0-1)}{\theta_1^2}\right)^{1/h_0}\end{cases} \tag{2.26}$$

分别表示 $T^2$ 和 SPE 指数阈值,其中

$$\begin{cases}\theta_i = \sum_{j=l+1}^{m}(\sigma_j^2)^i, \quad i = 1,2,3 \\ h_0 = 1 - \dfrac{2\theta_1\theta_3}{3\theta_2^2}\end{cases} \tag{2.27}$$

为了简化阈值,假设训练样本数 $N$ 足够大,式(2.26)中的 $F$ 分布可以通过自由度和置信度 $\alpha$ 的 $\chi^2$ 分布来近似,即

$$J_{\text{th}}^{T^2} = \chi_\alpha^2(a) \tag{2.28}$$

为了简化剩余子空间的监控,文献[30]中引入了一种新的测试统计量,它避免了 SPE 指数及其阈值的复杂性:

$$T_{\text{new}}^2 = \boldsymbol{x}^{\text{T}}\boldsymbol{P}_{\text{res}}\boldsymbol{\Xi}\boldsymbol{P}_{\text{res}}^{\text{T}}\boldsymbol{x} \tag{2.29}$$

式中

$$\Xi = \text{diag}\left(\frac{\sigma_m^2}{\sigma_{a+1}^2}, \cdots, \frac{\sigma_m^2}{\sigma_{m-1}^2}, 1\right) \tag{2.30}$$

对于给定的置信水平 $\alpha$,相应的阈值可计算为

$$J_{\text{th}}^{T_{\text{new}}^2} = \sigma_m^2\chi_\alpha^2(m-a) \tag{2.31}$$

本书研究了该新指标的性能、灵敏度和故障检测能力,并与文献[127]中的经典指标进行了比较。

PCA 方法的应用仅限于数据服从单峰多元高斯分布的情况。然而,在许多工业应用中,由于过程中的非线性,数据是非高斯分布的。针对非线性过程的监测问题,基于内核主成分分析(KPCA)和独立分量分析(ICA)的多元统计过程监控方法被提出,参见文献[22,68,75,138]中的应用。此外,PCA 方法捕获了测量值之间的空间相关性,忽略了具有动态行为的过程中经常发生的序列相关性。通过将每个时刻的时间数据增加为过去数据序列,PCA 方法可以扩展到包括序列相关性。这种方法称为动态 PCA(DPCA)[73]。关于 KPCA 和 ICA 的动态替代方案,读者可参考文献[23,51,76]。

### 2.3.2 偏最小二乘法

偏最小二乘法也称为潜在结构投影法，是另一种用于过程监控的多元统计方法。PCA 方法捕获过程变量之间的相关性，并找到包含最多变化的子空间，而 PLS 方法用于确定与预测块相关的子空间，并描述预测块中变化最多的子空间。PLS 方法的一个应用是将过程测量值 $\boldsymbol{X}$ 视为预测块，将产品质量测量值 $\boldsymbol{Y}$ 视为预测块[96]。产品质量通常在实验室离线测量，而不是在线测量。PLS 方法可用于预测产品质量以及过程监控[66,98,120]。

PLS 方法的设计和实现步骤与 PCA 方法类似。PLS 方法涉及投影 $\boldsymbol{X}\in\mathbb{R}^{N\times l}$ 和 $\boldsymbol{Y}\in\mathbb{R}^{N\times m}$ 到潜在变量 $\boldsymbol{T}\in\mathbb{R}^{N\times\gamma}$ 建立 $\boldsymbol{X}$ 和 $\boldsymbol{Y}$ 的相关模型：

$$\begin{cases}\boldsymbol{X}=\boldsymbol{TP}^{\mathrm{T}}+\widetilde{\boldsymbol{X}}=\hat{\boldsymbol{X}}+\widetilde{\boldsymbol{X}}\\ \boldsymbol{Y}=\boldsymbol{TQ}^{\mathrm{T}}+\boldsymbol{E}_{y}=\boldsymbol{XM}+\boldsymbol{E}_{y}\end{cases}\tag{2.32}$$

式中，$\gamma$ 是潜在变量的数量；$\boldsymbol{P}\in\mathbb{R}^{l\times\gamma}$、$\boldsymbol{Q}\in\mathbb{R}^{m\times\gamma}$ 是 $\boldsymbol{X}$ 和 $\boldsymbol{Y}$ 的加载矩阵；矩阵 $\boldsymbol{M}\in\mathbb{R}^{l\times m}$ 称为回归系数。

通常，通过交叉验证试验确定潜在变量的数量 $\gamma$[121]。换言之，PLS 方法将回归子空间 $\boldsymbol{X}$ 分解为两个子空间 $\hat{\boldsymbol{X}}$ 和 $\widetilde{\boldsymbol{X}}$，这两个子空间与因变量 $\boldsymbol{Y}$ 的相关性有关。$\boldsymbol{X}$ 相对于 $\boldsymbol{Y}$ 的分解如图 2.3 所示。与基于 PCA 的过程监控方法类似，$T^2$ 和 SPE 指数用于监控这两个子空间。

工业过程建模的标准偏最小二乘法如下所述，称为非线性迭代偏最小二乘算法（NIPALS）[25,48,50]：

收集 $\boldsymbol{x}$ 和 $\boldsymbol{y}$ 的 $N$ 个样本，并将其归一化为零均值和单位方差，以构建 $\boldsymbol{X}=[\boldsymbol{x}_1\quad\boldsymbol{x}_2\quad\cdots\quad\boldsymbol{x}_l]\in\mathbb{R}^{N\times l}$ 和 $\boldsymbol{Y}=[\boldsymbol{y}_1\quad\boldsymbol{y}_2\quad\cdots\quad\boldsymbol{y}_m]\in\mathbb{R}^{N\times m}$。

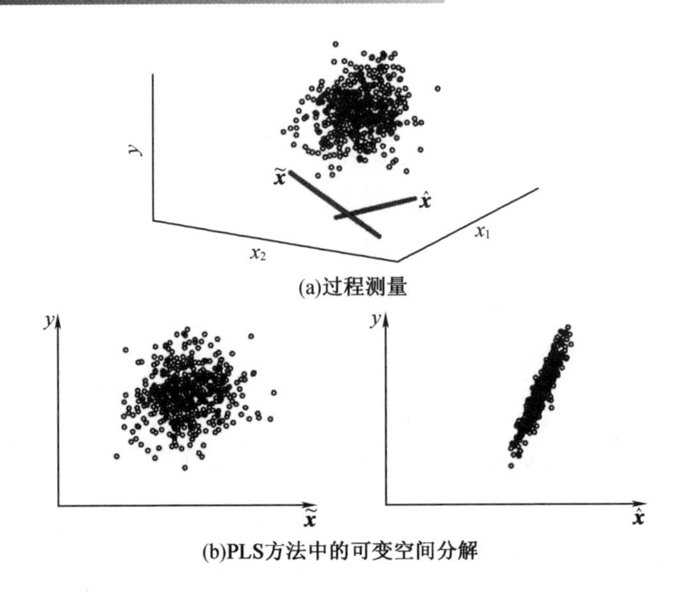


**图 2.3　PLS 方法根据预测块 $X$ 与预测块 $Y$ 的相关性分解预测块 $X$**

执行 $\gamma$ 乘以以下迭代计算：

对于 $k=1,2,\cdots,\gamma$，有

$$(\boldsymbol{w}_k^*,\boldsymbol{q}_k^*)=\underset{\|\boldsymbol{w}_k\|=1,\|\boldsymbol{q}_k\|=1}{\arg\max}\boldsymbol{w}_k^{\mathrm{T}}\boldsymbol{X}_k^{\mathrm{T}}\boldsymbol{Y}_{qk},\boldsymbol{X}_1=\boldsymbol{X}$$

$$\boldsymbol{t}_k=\boldsymbol{X}_k\boldsymbol{w}_k^*$$

$$\boldsymbol{p}_k=\frac{\boldsymbol{X}_k^{\mathrm{T}}\boldsymbol{t}_k}{\|\boldsymbol{t}_k\|^2}$$

$$\boldsymbol{X}_{k+1}=\boldsymbol{X}_k-\boldsymbol{t}_k\boldsymbol{p}_k^{\mathrm{T}}$$

$$\boldsymbol{r}_1=\boldsymbol{w}_1^*$$

$$\boldsymbol{r}_k=\prod_{j=1}^{k-1}(\boldsymbol{I}_{p\times p}-\boldsymbol{w}_j^*\boldsymbol{p}_j^{\mathrm{T}})\boldsymbol{w}_k^*,\quad k>1$$

使用以下公式计算 $\boldsymbol{P}$、$\boldsymbol{T}$、$\boldsymbol{Q}$、$\boldsymbol{R}$ 和 $\boldsymbol{M}$：

$$\boldsymbol{P}=[p_1\quad p_2\quad\cdots\quad p_\gamma]$$

$$\boldsymbol{T}=[t_1\quad t_2\quad\cdots\quad t_\gamma]$$

$$\boldsymbol{Q}=[q_1\quad q_2\quad\cdots\quad q_\gamma]$$

$$\boldsymbol{R}=[r_1\quad r_2\quad\cdots\quad r_\gamma]$$

$$\boldsymbol{M}=\boldsymbol{R}\boldsymbol{Q}^{\mathrm{T}}$$

为了检测 $\hat{\boldsymbol{X}}$、$\widetilde{\boldsymbol{X}}$ 中的故障,可以使用 $T^2$ 和 SPE 测试统计数据:

$$\begin{cases}T^2=\boldsymbol{x}^{\mathrm{T}}\boldsymbol{R}\left(\dfrac{\boldsymbol{T}^{\mathrm{T}}\boldsymbol{T}}{N-1}\right)^{-1}\boldsymbol{R}^{\mathrm{T}}\boldsymbol{x}\\ \mathrm{SPE}=\|\widetilde{\boldsymbol{x}}\|\end{cases}\tag{2.33}$$

阈值由下式定义

$$\begin{cases}J_{\mathrm{th}}^{T^2}=\dfrac{\gamma(N^2-1)}{N(N-\gamma)}F_{\alpha}(\gamma,N-\gamma)\\ J_{\mathrm{th}}^{\mathrm{SPE}}=g\chi_{\alpha}^2(h)\end{cases}\tag{2.34}$$

式中,$g=S/2\mu$,$h=2\mu^2/S$,其中 $\mu$ 和 $S$ 分别为 SPE 统计的样本平均值和方差[87]。

PLS 方法与 PCA 一样,适用于测量值服从多元高斯分布的情况。对于测量中出现序列相关性的动态过程,所谓的动态 PLS(DPLS)方法与 DPCA 的开发方法相同[66,72,91]。

最近,文献[139]发现,经典 PLS 方法可能会导致 $\hat{\boldsymbol{X}}$ 与 $\boldsymbol{Y}$ 正交的变化,而 $\widetilde{\boldsymbol{X}}$ 可能包含 $\boldsymbol{X}$ 的较大变化,因此不适合监测影响质量变量并导致错误分类的故障。此外,回归模型计算中涉及的迭代过程导致难以解释 PLS 模型。为了解决上述问题,文献[128]提出了一种新的改进方法,该方法避免了上述缺点,并且计算更加简单。

## 2.4　基于子空间的 FDD 系统设计

迄今为止,已经讨论了基于模型的 FDD 技术和多元统计过程监控方法的基础。基于模型的技术依赖于过程模型的严格开发和用于 FDD 的观测器或奇偶空间的设计。另一方面,SPM 方法涉及根据历史过程数据制订监控方案。由于无法在所有情况下都实现基于第一性原理的流程建模,从应用角度来看,从历史数据中获取流程模型,然后利用基于模型的经典技术来设计 FDD 系统将是一件有趣的事情。

线性代数和统计学的最新发展提供了直接从历史数据识别式(2.2)中系统状态空间模型的可能性。这些技术称为子空间识别方法(SIM)[107]。由于具有数值鲁棒性、收敛性,使用成熟的算法以及具有处理大量数据的能力,其在这一领域的应用越来越广泛。

在 SIM 中,线性时不变动态过程的状态空间模型

$$\begin{cases} \boldsymbol{x}(k+1)=\boldsymbol{A}\boldsymbol{x}(k)+\boldsymbol{B}\boldsymbol{u}(k)+\boldsymbol{w}(k) \\ \boldsymbol{y}(k)=\boldsymbol{C}\boldsymbol{x}(k)+\boldsymbol{D}\boldsymbol{u}(k)+\boldsymbol{v}(k) \end{cases} \tag{2.35}$$

以及

$$E\left\{\begin{bmatrix} \boldsymbol{w}(i) \\ \boldsymbol{v}(i) \end{bmatrix}\begin{bmatrix} \boldsymbol{w}^{\mathrm{T}}(j) & \boldsymbol{v}^{\mathrm{T}}(j) \end{bmatrix}\right\}=\begin{bmatrix} \boldsymbol{Q} & \boldsymbol{S} \\ \boldsymbol{S}^{\mathrm{T}} & \boldsymbol{R} \end{bmatrix}\delta_{ij}\geqslant 0$$

通过将数据的某些块 Hankel 矩阵的行空间投影到其他块 Hankel 矩阵的行空间中,直接从给定的输入和输出数据中识别系统状态[107]。矩阵 $\boldsymbol{Q}\in\mathbb{R}^{n\times n}$,$\boldsymbol{S}\in\mathbb{R}^{n\times m}$ 和 $\boldsymbol{R}\in\mathbb{R}^{m\times m}$ 是噪声序列 $\boldsymbol{w}(k)$ 和 $\boldsymbol{v}(k)$ 的协方差矩阵。最常用的 SIMs 是数值子空间状态空间系统辨识(N4SID[106])、多变量输出误差状态空间(MOESP[112-114])和规范变量分析(CVA[74])。

SIM 的关键步骤是识别系统状态和扩展的可观测性矩阵:

$$\boldsymbol{\Gamma}_i=\begin{bmatrix} \boldsymbol{C}^{\mathrm{T}} & (\boldsymbol{CA})^{\mathrm{T}} & (\boldsymbol{CA}^2)^{\mathrm{T}} & \cdots & (\boldsymbol{CA}^{i-1})^{\mathrm{T}} \end{bmatrix}^{\mathrm{T}}$$

从输入和输出数据,通过解决最小二乘问题计算系统矩阵[78,107],SIM 为我们提供了一个 LTI 过程模型,用于捕获系统的动态行为。如第 2.2.2 节和第 2.2.3 节所述,系统矩阵 $\boldsymbol{A}$、$\boldsymbol{B}$、$\boldsymbol{C}$ 和 $\boldsymbol{D}$ 可用于设计诊断观测器以及基于奇偶空间的残差发生器。

最近在文献[32]中,作者提出了一种数据驱动的故障检测和隔离(FDI)系统设计新方法,该方法可用于奇偶空间和基于观测器的 FDI 以及软传感器构建。基本思想是从历史数据中直接识别奇偶向

量，然后将其用于奇偶空间残差发生器公式(2.18)，或使用其与第2.2.4节中描述的诊断观测器的一对一关系来构建基于观测器的残差发生器。算法1总结了该过程。

---

**算法1 基于PS的残差发生器设计**

步骤1，按照如下步骤生成数据矩阵 $\boldsymbol{Z}_i$、$\boldsymbol{Z}_p$ 和构造$\frac{1}{N}\boldsymbol{Z}_f\boldsymbol{Z}_p^{\mathrm{T}}$。

$$\begin{cases} \boldsymbol{U}(j)=[\boldsymbol{u}(j) \quad \boldsymbol{u}(j+1) \quad \cdots \quad \boldsymbol{u}(j+N-1)]\in\mathbb{R}^{l\times N} \\ \boldsymbol{Y}(j)=[\boldsymbol{y}(j) \quad \boldsymbol{y}(j+1) \quad \cdots \quad \boldsymbol{y}(j+N-1)]\in\mathbb{R}^{m\times N} \\ \boldsymbol{U}_p=\begin{bmatrix} \boldsymbol{U}(i-s) \\ \vdots \\ \boldsymbol{U}(i-1) \end{bmatrix}\in\mathbb{R}^{sl\times N} \\ \boldsymbol{Y}_p=\begin{bmatrix} \boldsymbol{Y}(i-s) \\ \vdots \\ \boldsymbol{Y}(i-1) \end{bmatrix}\in\mathbb{R}^{sm\times N} \\ \boldsymbol{U}_f=\begin{bmatrix} \boldsymbol{U}(i) \\ \vdots \\ \boldsymbol{U}(i+s-1) \end{bmatrix}\in\mathbb{R}^{sl\times N} \\ \boldsymbol{Y}_f=\begin{bmatrix} \boldsymbol{Y}(i) \\ \vdots \\ \boldsymbol{Y}(i+s-1) \end{bmatrix}\in\mathbb{R}^{sm\times N} \\ \boldsymbol{Z}_p=\begin{bmatrix} \boldsymbol{Y}_p \\ \boldsymbol{U}_p \end{bmatrix}\in\mathbb{R}^{(sl+sm)\times N} \\ \boldsymbol{Z}_f=\begin{bmatrix} \boldsymbol{Y}_f \\ \boldsymbol{U}_f \end{bmatrix}\in\mathbb{R}^{(sl+sm)\times N} \end{cases} \tag{2.36}$$

步骤2，在$\frac{1}{N}\boldsymbol{Z}_f\boldsymbol{Z}_p^{\mathrm{T}}$ 上执行SVD。

$$\begin{cases}\frac{1}{N}\boldsymbol{Z}_f\boldsymbol{Z}_p^{\mathrm{T}}=\boldsymbol{U}\begin{bmatrix}\boldsymbol{\Sigma}_1 & \boldsymbol{0}\\ \boldsymbol{0} & \boldsymbol{\Sigma}_2\end{bmatrix}\boldsymbol{V}^{\mathrm{T}}\\ \boldsymbol{\Sigma}_2\in\mathbb{R}^{(sm-n)\times(sm-n)}\end{cases}\tag{2.37}$$

用酉矩阵 $\boldsymbol{V}^{\mathrm{T}}\in\mathbb{R}^{s(l+m)\times s(l+m)}$ 和

$$\boldsymbol{U}=\begin{bmatrix}\boldsymbol{U}_{11} & \boldsymbol{U}_{12}\\ \boldsymbol{U}_{21} & \boldsymbol{U}_{22}\end{bmatrix}\in\mathbb{R}^{s(l+m)\times s(l+m)}\tag{2.38}$$

步骤 3，设置

$$\begin{cases}\boldsymbol{\Gamma}_s^{\perp}=\boldsymbol{U}_{12}^{\mathrm{T}}\in\mathbb{R}^{(sm-n)\times sm}\\ \boldsymbol{\Gamma}_s^{\perp}\boldsymbol{H}_{s,u}=-\boldsymbol{U}_{22}^{\mathrm{T}}\in\mathbb{R}^{(sm-n)\times sl}\end{cases}\tag{2.39}$$

步骤 4，选择 $\boldsymbol{v}_s$、$\boldsymbol{v}_s\boldsymbol{H}_{s,u}$ 作为满足 $\boldsymbol{v}_s\in\boldsymbol{\Gamma}_s^{\perp}$ 和 $\boldsymbol{v}_s\boldsymbol{H}_{s,u}\in\boldsymbol{\Gamma}_s^{\perp}\boldsymbol{H}_{s,u}$ 的两行向量。

---

值得指出的是，要确保 $\boldsymbol{\Gamma}_s^{\perp}$ 和 $\boldsymbol{\Gamma}_s^{\perp}\boldsymbol{H}_{s,u}$ 的正确识别，应满足输入激励条件[115]。此外，在文献[32]中，作者使用一对一关系提出了一种基于观测器的残差发生器。在文献[125]中，该方法已被扩展用于监控间歇过程。

由于经典 SIM 首先识别系统状态和可观测性矩阵，然后在此基础上在第二步计算系统矩阵，因此需要较高的计算量，而文献[32]中提出的方法在计算上要简单得多。文献[126]从实现和应用角度对流行的数据驱动流程监控方法进行了全面的比较研究。

## 2.5 结 束 语

这一介绍性章节描述了技术系统的表示。过程模型中包含了扰动和故障。本章的其余部分致力于概述现代 FDD 技术及其最新发展和扩展：阐述了流行的基于模型的 FDD 技术、故障检测滤波器、诊断观测器和奇偶空间残差发生器,并描述了它们之间的相互关系;介绍了多元统计过程监控方法,阐述了它们的重要概念,并借助主成分分析和偏最小二乘法解释了它们的优缺点;此外,还讨论了一种基于子空间识别技术的模型和数据驱动相结合的解决方案及其近年来的主要发展。在接下来的章节中,将讨论将其应用于线性时不变系统的主要缺点,并提出解决方案。

# 第3章　非线性多模系统的故障检测

由于不同的产品规格和一些外部限制，现代复杂工业系统通常在多种操作条件下运行。因此，由于系统中的非线性和设定值变化，电厂特性从一种运行条件变化到另一种运行条件。因此，从一种运行模式的传统多变量统计过程监控（MSPM）技术中获得的统计模型对于其他模式不再有效，并将引发错误警报。这是因为 MSPM 方法中的基本假设是数据应遵循单峰高斯分布。在假设每个工作点对应的数据遵循具有各种统计特性的多元高斯分布的情况下，可用的历史数据可以视为具有不同平均向量和协方差矩阵的高斯分量的混合。作为示例，图3.1显示了从连续搅拌槽加热器（CSTH）基准获得的数据，其中，$M_1 \sim M_5$ 为估计参数。解决此问题的直观工程方法是提取每个操作模式的标记数据以导出统计模型，并在在线监测步骤中为相应的操作模式使用不同的统计模型。这种方法需要一个代表系统实际模式的调度变量，需要大量的工程工作。此外，这些标记的数据在实践中并不总是可用的。

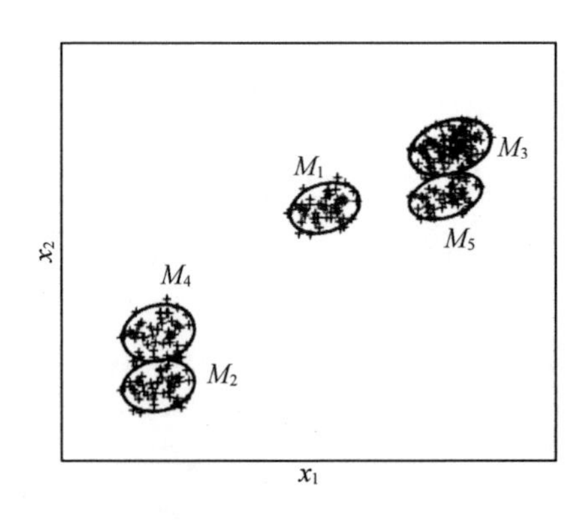


**图3.1　不同操作点下 CSTH 装置数据散点图**

近年来,在混合建模工具的帮助下,基于多模型假设的数据驱动非线性过程辨识与监控已经取得了一些研究成果。PCA 过程监控方法已被扩展,以用于高斯混合模型(GMM)假设下的多模式过程监控(参见文献[15,39,40,132,135]),并报告了其在间歇过程和半导体技术监控中的应用(参见文献[17,130,133,134,136])。然而,它们在基于性能的故障检测和质量监控中的应用尚未得到广泛研究。在文献[129]中,开发了一种使用 DPLS 方法对多相间歇过程进行质量预测的两步方法:在第一步中,使用 GMM 方法对数据进行分类;在第二步中,使用多阶段 PLS 方法来找出每个阶段的过程测量值与质量变量之间的关系。虽然该方法的有效性已被证明,但由于经典 PLS 方法的复杂性,该方法的计算成本很高,并且会随着相位数的增加而增加。

基于上述观察结果,本章提出了一种新的方法,用于监测非线性系统中的产品质量和检测与质量相关的故障;假设非线性系统在工作点周围是线性的,因此系统可视为对应于每个工作模式的分段线性系统。各工况数据均服从多元正态分布;使用混合建模方法,为每个工作模式确定了描述电厂测量值和质量变量相关结构的回归模型;根据回归系数设计监测方案,并使用贝叶斯推理策略,使用新的指标进行故障检测。

## 3.1 准备工作和问题制订

PLS[48,50]被认为是一种建模过程和发现其底层结构的强大工具,并被用于化学计量学和工业过程监测的众多应用中。PLS 回归的目标是从输入数据集(过程测量)$\boldsymbol{X}$ 预测输出数据集(质量变量)$\boldsymbol{Y}$,并描述其共同结构。具体而言,PLS 回归寻找一组组件(称为潜在变量),

这些组件同时执行 $\boldsymbol{X}$ 和 $\boldsymbol{Y}$ 的分解,约束条件是这些组件尽可能解释 $\boldsymbol{X}$ 和 $\boldsymbol{Y}$ 之间的协方差。式(2.32)显示了通过 PLS 方法识别的过程测量和产品质量的相关模型。第 2.3.2 节描述了称为非线性迭代偏最小二乘算法(NIPALS)的标准 PLS 方法。此外,还解释了传统 PLS 方法的一些缺点。

标准 PLS 方法的应用基于 $\boldsymbol{X}$ 和 $\boldsymbol{Y}$ 的单模型多元正态分布。然而,在某些工业应用中,该过程具有非线性结构,由于工作点的变化,标准 PLS 方法无法用于底层结构建模。

为了解决这个问题,本章提出了一种新的方法,该方法避免了标准 PLS 方法的计算缺陷,并提供了关于质量变量的测量空间的完整分解。在此基础上,提出了一种非线性系统质量监控的新方法,假设非线性过程的模型可以用对应于每个工作点的有限个线性模型来表示。此外,假设每个线性模型的数据遵循多元高斯分布。因此,可用于监测方案设计的训练数据是有限高斯分量的混合[82]。

## 3.2 改进的 PLS 方法

第 2.3.2 节提到,标准 PLS 方法涉及优化问题的迭代解,这使得 PLS 模型难以解释。此外,文献[139]表明,PLS 方法需要斜投影。因此,测量空间没有根据其与质量变量的相关性进行正确分解。为此,在文献[128]中,开发了一种新的改进方法,该方法计算简单,易于解释。使用这种方法时,若 $N \gg \max(n, m)$,式(2.32)可写为

$$\frac{1}{N-1}\boldsymbol{Y}^{\mathrm{T}}\boldsymbol{X} = \frac{1}{N-1}\boldsymbol{M}^{\mathrm{T}}\boldsymbol{X}^{\mathrm{T}}\boldsymbol{X} + \frac{1}{N-1}\boldsymbol{E}_y^{\mathrm{T}}\boldsymbol{X} \approx \boldsymbol{M}^{\mathrm{T}}\ \frac{\boldsymbol{X}^{\mathrm{T}}\boldsymbol{X}}{N-1} \tag{3.1}$$

这是因为 $\mathrm{cov}(\boldsymbol{e}_y, \boldsymbol{x}) = \boldsymbol{0}$。因此,回归系数可以计算为

$$\boldsymbol{M} = (\boldsymbol{X}^{\mathrm{T}}\boldsymbol{X})^{\dagger}\boldsymbol{X}^{\mathrm{T}}\boldsymbol{Y} \tag{3.2}$$

式中,$(\cdot)^\dagger$ 表示伪逆。基于此,$\boldsymbol{X}$ 可以分解为两部分,即 $\hat{\boldsymbol{X}}$ 和 $\widetilde{\boldsymbol{X}}$,从而 $\hat{\boldsymbol{X}}$ 与 $\boldsymbol{Y}$ 完全相关,而 $\hat{\boldsymbol{X}}$ 与 $\widetilde{\boldsymbol{X}}$ 正交,并且对预测 $\boldsymbol{Y}$ 没有贡献:

$$\begin{cases}\boldsymbol{X}=\hat{\boldsymbol{X}}+\widetilde{\boldsymbol{X}}\\ \boldsymbol{Y}=\boldsymbol{X}\boldsymbol{M}+\boldsymbol{E}_y\end{cases} \tag{3.3}$$

为了检测影响产品质量变量 $\boldsymbol{Y}$ 的故障,提出了基于监测 $\hat{\boldsymbol{X}}$ 子空间的指标

$$T_{\hat{x}}^2=\boldsymbol{x}^{\mathrm{T}}\boldsymbol{P}_M\left(\frac{\boldsymbol{P}_M^{\mathrm{T}}\boldsymbol{X}^{\mathrm{T}}\boldsymbol{X}\boldsymbol{P}_M}{N-1}\right)^{-1}\boldsymbol{P}_M^{\mathrm{T}}\boldsymbol{x} \tag{3.4}$$

式中,$\boldsymbol{P}_M\in\mathbb{R}^{n\times m}$是通过在 $\boldsymbol{M}\boldsymbol{M}^{\mathrm{T}}$ 上执行 SVD 得到的,即

$$\boldsymbol{M}\boldsymbol{M}^{\mathrm{T}}=\begin{bmatrix}\boldsymbol{P}_M & \widetilde{\boldsymbol{P}}_M\end{bmatrix}\begin{bmatrix}\boldsymbol{\Lambda}_M & 0\\ 0 & 0\end{bmatrix}\begin{bmatrix}\boldsymbol{P}_M^{\mathrm{T}}\\ \widetilde{\boldsymbol{P}}_M^{\mathrm{T}}\end{bmatrix} \tag{3.5}$$

故障检测阈值如下:

$$J_{\mathrm{th}}^{T_{\hat{x}}^2}=\frac{m(N^2-1)}{N(N-m)}F_\alpha(m,N-m) \tag{3.6}$$

式中,$F_\alpha(m,N-m)$是参数为 $m$ 和 $N-m$,置信水平为 $\alpha$ 的 $F$ 分布。如果训练样本数 $N$ 足够大,则

$$J_{\mathrm{th}}^{T_{\hat{x}}^2}=\chi_\alpha^2(m) \tag{3.7}$$

式中,$\chi_\alpha^2(m)$是具有 $m$ 个自由度和置信水平为 $\alpha$ 的$\chi^2$ 分布。

与 $\hat{\boldsymbol{X}}$ 相同,子空间 $\widetilde{\boldsymbol{X}}$ 可以通过以下方式进行监控,以检测系统中不影响产品质量变量 $\boldsymbol{Y}$ 的故障:

$$T_{\tilde{x}}^2=\boldsymbol{x}^{\mathrm{T}}\widetilde{\boldsymbol{P}}_M\left(\frac{\widetilde{\boldsymbol{P}}_M^{\mathrm{T}}\boldsymbol{X}^{\mathrm{T}}\boldsymbol{X}\widetilde{\boldsymbol{P}}_M}{N-1}\right)^{-1}\widetilde{\boldsymbol{P}}_M^{\mathrm{T}}\boldsymbol{x} \tag{3.8}$$

阈值

$$J_{\mathrm{th}}^{T_{\tilde{x}}^2}=\frac{(n-m)(N^2-1)}{N(N-n+m)}F_\alpha(n-m,N-n+m) \tag{3.9}$$

为了监测式(2.32)中与 $\boldsymbol{X}$ 无关的子空间 $\boldsymbol{E}_y$,可以使用 SPE 指数:

$$\mathrm{SPE}_y = \| \boldsymbol{y} - \boldsymbol{M}^{\mathrm{T}}\boldsymbol{x} \|^2 \tag{3.10}$$

其具有相应的阈值

$$J_{\mathrm{th}}^{\mathrm{SPE}_y} = g\chi_{\alpha}^2(h_y) \tag{3.11}$$

式中，$g = S/2\mu$，$h_y = 2\mu^2/S$，其中，$\mu$、$S$ 分别是 $\mathrm{SPE}_y$ 的平均值和方差。

此外，式(3.2)确定的矩阵 $\boldsymbol{M}$ 可用于使用式(2.32)预测质量变量。可以看出，该方法对变量空间进行正交分解，因此将其分解为两个子空间，一个子空间负责质量变量的变化，另一个子空间对质量变量没有贡献。从计算的角度来看，与需要 $\gamma$ 乘以奇异值分解的经典方法相比，它需要最大两倍奇异值分解，其中 $\gamma$ 是潜在变量的数量。此外，在标准 PLS 方法中，应预先指定潜在变量的数量，而这种新算法不依赖于此。

## 3.3 多模过程监控

考虑一个非线性过程，在 $K$ 个不同的工作模式 $\mathcal{M}_1, \mathcal{M}_2, \cdots, \mathcal{M}_K$ 下工作，每个模式由式(3.3)表示，具有不同的模型参数 $M_i$，$i = 1,2,\cdots,K$。目的是假设每个运行模式的模型参数未知[44]，使用式(3.1)至式(3.11)中改进的 PLS 方法设计过程监控方案。

### 3.3.1 模型参数估计

为了设计监控方案，首先应使用历史数据确定混合模型。历史数据集包含所有正常工艺操作模式的测量值。假设从 $N$ 个不同的样本中收集了可用的历史数据$\mathcal{D}$，每个样本包含过程参数 $\boldsymbol{x} \in \mathbb{R}^l$ 和质量变量 $\boldsymbol{y} \in \mathbb{R}^m$：

$$\mathcal{D} = \left\{ \begin{bmatrix} \boldsymbol{y}_1 \\ \boldsymbol{x}_1 \end{bmatrix}, \begin{bmatrix} \boldsymbol{y}_2 \\ \boldsymbol{x}_2 \end{bmatrix}, \cdots, \begin{bmatrix} \boldsymbol{y}_N \\ \boldsymbol{x}_N \end{bmatrix} \right\} = \{ \boldsymbol{d}_1, \boldsymbol{d}_2, \cdots, \boldsymbol{d}_N \} \tag{3.12}$$

式中，$\boldsymbol{d}_k \in \mathbb{R}^{l+m}, k=1,2,\cdots,N$，是来自多模静态过程中的样本。多模静态过程中任意样本 $\boldsymbol{d}$ 的概率密度函数（PDF）可以用有限高斯混合模型（FGMM）表示，该模型是多个局部高斯分量的加权和：

$$p(\boldsymbol{d} \mid \theta) = \sum_{i=1}^{K} w_i g(\boldsymbol{d} \mid \theta_i) \tag{3.13}$$

式中，$K$ 是混合物成分的数量；$w_i$ 是第 $i$ 个成分 $\mathcal{M}_i$ 的权重，$\theta_i$ 是第 $i$ 个高斯分量的参数，有

$$\theta_i = \{ w_i, \boldsymbol{\mu}_{x,i}, \boldsymbol{\mu}_{y,i}, \boldsymbol{\Sigma}_{xx,i}, \boldsymbol{\Sigma}_{xy,i}, \boldsymbol{\Sigma}_{yy,i} \} \tag{3.14}$$

$g(\boldsymbol{d} \mid \theta_i)$ 是分量 $\mathcal{M}_i$ 对应的多元高斯密度函数，即

$$g(\boldsymbol{d} \mid \theta_i) = \frac{1}{(2\pi)^{m/2} |\boldsymbol{\Sigma}_i|^{1/2}} \exp\left( -\frac{1}{2} (\boldsymbol{d} - \boldsymbol{\mu}_i)^{\mathrm{T}} \boldsymbol{\Sigma}_i^{-1} (\boldsymbol{d} - \boldsymbol{\mu}_i) \right)$$

其中

$$\boldsymbol{\mu}_i = \begin{bmatrix} \boldsymbol{\mu}_{x,i} \\ \boldsymbol{\mu}_{y,i} \end{bmatrix}$$

$$\boldsymbol{\Sigma}_i = \begin{bmatrix} \boldsymbol{\Sigma}_{xx,i} & \boldsymbol{\Sigma}_{xy,i} \\ \boldsymbol{\Sigma}_{xy,i}^{\mathrm{T}} & \boldsymbol{\Sigma}_{yy,i} \end{bmatrix}$$

值得指出的是，$\sum_{i=1}^{K} w_i = 1, 0 \leqslant w_i \leqslant 1$。

为制订监测方案，应确定下面一组参数：

$$\boldsymbol{\Theta} = \{ \theta_1, \theta_2, \cdots, \theta_K \} \tag{3.15}$$

这可以通过分配混合物成分的对数似然度来实现：

$$\log p(\mathcal{D} \mid \boldsymbol{\Theta}) = \log \prod_{k=1}^{N} p(\boldsymbol{d}_k \mid \boldsymbol{\Theta}) = \sum_{i=1}^{N} \log \sum_{i=1}^{K} w_i p(\boldsymbol{d}_k \mid \theta_i) \tag{3.16}$$

最大似然估计（MLE）可通过以下方式实现：

$$\hat{\boldsymbol{\Theta}}_{\mathrm{MLE}} = \arg \max_{\boldsymbol{\Theta}} \{ \log p(\mathcal{D} \mid \boldsymbol{\Theta}) \} \tag{3.17}$$

也可以通过最大后验概率（MAP）准则来实现：

$$\hat{\boldsymbol{\Theta}}_{\mathrm{MAP}} = \arg \max_{\boldsymbol{\Theta}} \{ \log p(\mathcal{D} \mid \boldsymbol{\Theta}) + \log p(\boldsymbol{\Theta}) \} \tag{3.18}$$

式(3.17)和式(3.18)的解无法通过解析法获得。期望最大化(EM)算法可用于此目的[81]。EM 是一种迭代算法,可在式(3.17)或式(3.18)中找到对数似然函数的局部极大值。EM 算法基于以下假设:$\mathcal{D}$ 是一个不完整的数据集,其中有限混合建模中缺失的部分可以解释为 $N$ 个标记,$\mathcal{Z}=\{z_1,z_2,\cdots,z_N\}$ 表示在各操作模式下生成的每个样本。在 EM 算法中,完整数据$\mathcal{C}=\{\mathcal{D},\mathcal{Z}\}$ 的对数似然的条件期望在 E-step 中计算如下:

$$\mathcal{Q}(\boldsymbol{\Theta}|\boldsymbol{\Theta}^{\mathrm{old}})=E\{\log p(\mathcal{D},\mathcal{Z}|\boldsymbol{\Theta})|\mathcal{D},\boldsymbol{\Theta}^{\mathrm{old}}\} \tag{3.19}$$

并使用以下公式更新 M-step 中的参数估计:

$$\boldsymbol{\Theta}=\arg\max_{\boldsymbol{\Theta}}\mathcal{Q}(\boldsymbol{\Theta}|\boldsymbol{\Theta}^{\mathrm{old}}) \tag{3.20}$$

对于 MLE 或

$$\boldsymbol{\Theta}=\arg\max_{\boldsymbol{\Theta}}\mathcal{Q}(\boldsymbol{\Theta}|\boldsymbol{\Theta}^{\mathrm{old}}+\log p(\boldsymbol{\Theta})) \tag{3.21}$$

基于 MAP 估计。有关 EM 算法及其推导的更多信息,请参阅附录 A。

为了估计式(3.15)中的参数集,式(3.19)中的条件期望可以写成式(3.22):

$$\begin{aligned}
\mathcal{Q}(\boldsymbol{\Theta}|\boldsymbol{\Theta}^{\mathrm{old}}) &= E\{\log p(\boldsymbol{y}_N,\cdots,\boldsymbol{y}_2,\boldsymbol{y}_1,\boldsymbol{x}_N,\cdots,\boldsymbol{x}_2,\boldsymbol{x}_1,z_N,\cdots,z_2,z_1|\boldsymbol{\Theta})|\mathcal{D},\boldsymbol{\Theta}^{\mathrm{old}}\} \\
&= E\{\log p(\boldsymbol{y}_N,\cdots,\boldsymbol{y}_2,\boldsymbol{y}_1,\boldsymbol{x}_N,\cdots,\boldsymbol{x}_2,\boldsymbol{x}_1,z_N,\cdots,z_2,z_1,\boldsymbol{\Theta})\times \\
&\quad p(\boldsymbol{x}_N,\cdots,\boldsymbol{x}_2,\boldsymbol{x}_1|z_N,\cdots,z_2,z_1,\boldsymbol{\Theta})p(z_N,\cdots,z_2,z_1|\boldsymbol{\Theta})|\mathcal{D},\boldsymbol{\Theta}^{\mathrm{old}}\} \\
&= E\left\{\sum_{k=1}^{N}\log p(\boldsymbol{y}_k|\boldsymbol{x}_k,z_k,\boldsymbol{\Theta})+\log p(\boldsymbol{x}_k|z_k,\boldsymbol{\Theta})+\right. \\
&\quad \left.\log p(z_k|\boldsymbol{\Theta})|\mathcal{D},\boldsymbol{\Theta}^{\mathrm{old}}\right\} \\
&= \sum_{k=1}^{N}\sum_{i=1}^{K}p(z_k=i|\mathcal{D},\boldsymbol{\Theta}^{\mathrm{old}})\log p(\boldsymbol{y}_k|\boldsymbol{x}_k,\theta_i)+ \\
&\quad \sum_{k=1}^{N}\sum_{i=1}^{K}p(z_k=i|\mathcal{D},\boldsymbol{\Theta}^{\mathrm{old}})\log p(\boldsymbol{x}_k|\theta_i)+ \\
&\quad \sum_{k=1}^{N}\sum_{i=1}^{K}p(z_k=i|\mathcal{D},\boldsymbol{\Theta}^{\mathrm{old}})\log p(z_k=i|\theta_i)
\end{aligned} \tag{3.22}$$

式中,$\boldsymbol{\Theta}^{\mathrm{old}}$是在上一次迭代中获得的未知参数。

在推导公式(3.22)时,假设第 $k^{\text{th}}$ 个采样时刻的质量变量独立于缺少变量 $z$ 和过程变量 $x$ 的过去值,并且仅取决于它们的当前值。同样的假设也适用于过程变量 $\boldsymbol{x}$。因此

$$\begin{cases} p(\boldsymbol{y}_N,\cdots,\boldsymbol{y}_2,\boldsymbol{y}_1 \mid \boldsymbol{x}_N,\cdots,\boldsymbol{x}_2,\boldsymbol{x}_1,z_N,\cdots,z_2,z_1,\boldsymbol{\Theta}) = \prod_{k=1}^{N} p(\boldsymbol{y}_k \mid \boldsymbol{x}_k,z_k,\boldsymbol{\Theta}) \\ p(\boldsymbol{x}_N,\cdots,\boldsymbol{x}_2,\boldsymbol{x}_1 \mid z_N,\cdots,z_2,z_1,\boldsymbol{\Theta}) = \prod_{k=1}^{N} p(\boldsymbol{y}_k \mid z_k,\boldsymbol{\Theta}) \end{cases} \tag{3.23}$$

这些假设是有效的,因为已经假设系统中没有动态行为,并且每个时刻的质量变量仅取决于时间数据和系统的当前模式。

此外,式(3.3)回归模型中变量的条件分布如下:

$$\begin{cases} \boldsymbol{x}_k \mid z_k = i,\boldsymbol{\Theta} \sim N(\boldsymbol{\mu}_{x,i},\boldsymbol{\Sigma}_{xx,i}) \\ \boldsymbol{y}_k \mid \boldsymbol{y}_k,z_k = i,\boldsymbol{\Theta} \sim N(\boldsymbol{\mu}_{y|x,i},\boldsymbol{\Sigma}_{y|x,i}) \end{cases} \tag{3.24}$$

式中

$$\begin{cases} \boldsymbol{\mu}_{y|x,i} = \boldsymbol{\mu}_{y,i} + \boldsymbol{\Sigma}_{xy,i}^{\mathrm{T}}\boldsymbol{\Sigma}_{xx,i}^{-1}(\boldsymbol{x}_k - \boldsymbol{\mu}_{x,i}) \\ \boldsymbol{\Sigma}_{y|x,i} = \boldsymbol{\Sigma}_{yy,i} - \boldsymbol{\Sigma}_{xy,i}^{\mathrm{T}}\boldsymbol{\Sigma}_{xx,i}^{-1}\boldsymbol{\Sigma}_{xy,i} \end{cases} \tag{3.25}$$

EM 算法中的 M-step 是通过推导条件期望来实现的,$\mathcal{Q}(\boldsymbol{\Theta} \mid \boldsymbol{\Theta}^{\text{old}})$ 与未知参数相关。在执行推导并使其等于零后,M-step 中的参数更新如下:

$$\boldsymbol{\mu}_{x,i} = \frac{\sum_{k=1}^{N} p(\mathcal{M}_i \mid \boldsymbol{d}_k)\boldsymbol{x}_k}{\sum_{k=1}^{N} p(\mathcal{M}_i \mid \boldsymbol{d}_k)}$$

$$\boldsymbol{\mu}_{y,i} = \frac{\sum_{k=1}^{N} p(\mathcal{M}_i \mid \boldsymbol{d}_k)\boldsymbol{y}_k}{\sum_{k=1}^{N} p(\mathcal{M}_i \mid \boldsymbol{d}_k)}$$

$$\boldsymbol{\Sigma}_{xx,i}=\frac{\sum_{k=1}^{N}p(\mathcal{M}_i\,|\,\boldsymbol{d}_k)(\boldsymbol{x}_k-\boldsymbol{\mu}_{x,i})(\boldsymbol{x}_k-\boldsymbol{\mu}_{x,i})^{\mathrm{T}}}{\sum_{k=1}^{N}p(\mathcal{M}_i\,|\,\boldsymbol{d}_k)}$$

$$\boldsymbol{\Sigma}_{yy,i}=\frac{\sum_{k=1}^{N}p(\mathcal{M}_i\,|\,\boldsymbol{d}_k)(\boldsymbol{y}_k-\boldsymbol{\mu}_{y,i})(\boldsymbol{y}_k-\boldsymbol{\mu}_{y,i})^{\mathrm{T}}}{\sum_{k=1}^{N}p(\mathcal{M}_i\,|\,\boldsymbol{d}_k)}$$

$$\boldsymbol{\Sigma}_{xy,i}=\frac{\sum_{k=1}^{N}p(\mathcal{M}_i\,|\,\boldsymbol{d}_k)(\boldsymbol{x}_k-\boldsymbol{\mu}_{x,i})(\boldsymbol{y}_k-\boldsymbol{\mu}_{y,i})^{\mathrm{T}}}{\sum_{k=1}^{N}p(\mathcal{M}_i\,|\,\boldsymbol{d}_k)}$$

$$w_i=\frac{\sum_{k=1}^{N}p(\mathcal{M}_i\,|\,\boldsymbol{d}_k)}{N} \tag{3.26}$$

式中，$p(\mathcal{M}_i\,|\,\boldsymbol{d}_k)$在 E-step 中使用贝叶斯规则计算：

$$p(\mathcal{M}_i\,|\,\boldsymbol{d}_k)=\frac{w_i g(\boldsymbol{d}_k\,|\,\boldsymbol{\Theta}_i)}{\sum_{i=1}^{K}w_i g(\boldsymbol{d}_k\,|\,\boldsymbol{\Theta}_i)} \tag{3.27}$$

使用 EM 算法进行参数估计后，PLS 模型中的回归系数可以按照公式(3.2)中所示的相同方式计算：

$$\boldsymbol{M}_i=\boldsymbol{\Sigma}_{xx,i}^{-1}\boldsymbol{\Sigma}_{xy,i} \tag{3.28}$$

或者在这种情况下，$\boldsymbol{\Sigma}_{xx,i}$不是满秩矩阵，

$$\boldsymbol{M}_i=\boldsymbol{\Sigma}_{xx,i}^{\dagger}\boldsymbol{\Sigma}_{xy,i} \tag{3.29}$$

在下一步中，将估计参数 $\boldsymbol{M}_i$、$\boldsymbol{\mu}_{x,i}$、$\boldsymbol{\mu}_{y,i}$、$\boldsymbol{\Sigma}_{xx,i}$、$\boldsymbol{\Sigma}_{yy,i}$用于设计监测方案。重点是检测影响产品质量的故障。

### 3.3.2 监测方案设计

如前所述，第 2.3.2 节中提到，PLS 方法的主要应用是在无法在

线测量产品质量时，检测过程中与质量相关的故障。

时刻 $k$ 被监测样本 $\boldsymbol{x}(k)$ 的在线过程测量值与离线设计步骤中获得的 PLS 模型一起用于检测系统中的故障。

时刻 $k$ 被监测样本 $\boldsymbol{x}(k)$ 的在线过程测量的瞬时值与离线设计步骤中获得的 PLS 模型一起用于检测系统中的故障。类似地，这里为了故障检测的目的，进一步定义了一个指数来表示被监测样本 $\boldsymbol{x}(k)$ 属于故障的概率：

$$J_g(k) = p(\boldsymbol{x}(k) \in f) \tag{3.30}$$

该指数可通过边缘化获得，如下所示：

$$J_g(k) = \sum_{i=1}^{K} p(\boldsymbol{x}(k) \in f | \boldsymbol{x}(k) \in \mathcal{M}_i) p(\boldsymbol{x}(k) \in \mathcal{M}_i) \tag{3.31}$$

式(3.31)右侧的第二项表示属于$\mathcal{M}_i$ 的给定样本发生故障的概率，该概率可根据给定每个模式的估计参数和贝叶斯推理策略的多元正态分布 PDF 计算得出[135]：

$$\begin{aligned} p(\boldsymbol{x}(k) \in \mathcal{M}_i) &= \frac{p(\boldsymbol{x}(k) \mid \mathcal{M}_i) p(\mathcal{M}_i)}{p(\boldsymbol{x}(k))} \\ &= \frac{p(\boldsymbol{x}(k) \mid \mathcal{M}_i) p(\mathcal{M}_i)}{\sum_{i=1}^{K} p(\boldsymbol{x}(k) \mid \mathcal{M}_i) p(\mathcal{M}_i)} \\ &= \frac{w_i g(\boldsymbol{x}(k) | \boldsymbol{\mu}_{x,i}, \Sigma_{xx,i})}{\sum_{i=1}^{K} w_i g(\boldsymbol{x}(k) | \boldsymbol{\mu}_{x,i}, \Sigma_{xx,i})} \end{aligned} \tag{3.32}$$

式(3.31)右侧的第一项表示属于$\mathcal{M}_i$ 的给定样本发生故障的概率。计算 $p(\boldsymbol{x}(k) \in f | \boldsymbol{x}(k) \in \mathcal{M}_i)$，将使用式(3.4)中引入的 $T_{\hat{x}}^2$指数。这种可能性可以写为

$$p(\boldsymbol{x}(k) \in f | \boldsymbol{x}(k) \in \mathcal{M}_i) = p(T_{\hat{x}}^2(\boldsymbol{x}, i) \leqslant T_{\hat{x}}^2(\boldsymbol{x}(k), i)) \tag{3.33}$$

可通过将式(3.6)中的 $F$ 概率密度函数或式(3.7)中的$\chi^2$ 分布与适当的自由度进行积分来计算。式(3.33)的右侧可以解释为，假

设数据是在模式$\mathcal{M}_i$中生成的,则与测量样本$\boldsymbol{x}(k)$(即$T_{\hat{x}}^2(\boldsymbol{x}(k),i)$)相对应的计算$T^2$指数大于或等于从离线无故障数据($T_{\hat{x}}^2(\boldsymbol{x}(k),i)$)中获得的$T^2$指数的概率。

此外,由于$0 \leqslant J_g(k) \leqslant 1$置信水平$(1-\alpha)$可指定用于故障检测目的,假设如下:

$$\begin{cases} J_g \leqslant 1-\alpha & \text{无故障} \\ J_g > 1-\alpha & \text{故障} \end{cases} \tag{3.34}$$

监测方案的设计程序如算法2所示。

---

**算法2　故障检测系统的设计**

步骤1,收集不同操作模式的正常操作数据。

步骤2,应用EM算法,使用式(3.26)和式(3.27)估计式(3.14)中所示的参数。

步骤3,使用式(3.28)或式(3.29)获得$\mathcal{M}_i, i=1,2,\cdots,K$。

步骤4,在线步骤中,当有新的测量样本可用时,对$i=1,2,\cdots,K$执行以下步骤:

- 4.1 使用式(3.4)和$\mathcal{M}_i$的识别参数计算$T_{\hat{x}}^2(\boldsymbol{x}(k),i)$)。
- 4.2 使用多元高斯PDF和式(3.32)计算$p(\boldsymbol{x}(k) \in \mathcal{M}_i)$。
- 4.3 使用$T_{\hat{x}}^2(\boldsymbol{x}(k),i)$)和式(3.33)计算$p(\boldsymbol{x}(k) \in f | \boldsymbol{x}(k) \in \mathcal{M}_i)_i$。

步骤5,计算式(3.31)中的故障检测指数。

步骤6,使用式(3.34)中的故障检测假设检测故障并转至步骤4。

---

# 3.4 示　　例

第3.3节中提出的方法是在文献[103]中提出的CSTH Simulink基准上实现的。附录B和图B.1分别给出了基准及其图表的描述。CSTH装置在工业中应用广泛。在储存罐内,在一定的温度和水平下会发生化学反应。控制系统的主要目标是根据反应规范保持温度和液位恒定。对于该模拟,温度被视为质量变量,因此它强烈影响产品的最终质量。电厂的正常运行条件由表3.1所示的设定值规定。

**表3.1　正常操作模式组**

| 设定点 | 模式1 | 模式2 | 模式3 |
| --- | --- | --- | --- |
| 级别/mA | 12 | 12 | 12 |
| 温度/mA | 10.5 | 10.5 | 10 |
| 蒸汽阀/mA | 0 | 5 | 4 |

根据算法2的步骤1~3,使用从这三种操作模式获得的数据执行离线训练步骤。对于在线监测步骤,从每个工作点生成50个测量样本。此外,还考虑了两种不同的故障情况:$f_1$,液位传感器故障;$f_2$,蒸汽阀执行器故障。用于在线监测的电厂测量图如图3.2所示,其中垂直虚线表示模式改变的样本。液位传感器故障$f_1$发生在样品100~150,不会影响产品质量,即温度。蒸汽阀执行器故障$f_2$发生在样品151~200,并导致温度偏差,如图3.2所示。温度的另一变化发生在样品201~250,这是由产品规格变化引起的,与操作模式3相对应。根据算法2的步骤4~6执行在线监测。计算式(3.31)中所示的故障检测指数,并绘制在图3.3中。图中,水平虚线表示置信度为95%的阈值,$P$表示故障概率。可以看出,故障检测指标对影响质量变量

的故障非常敏感。

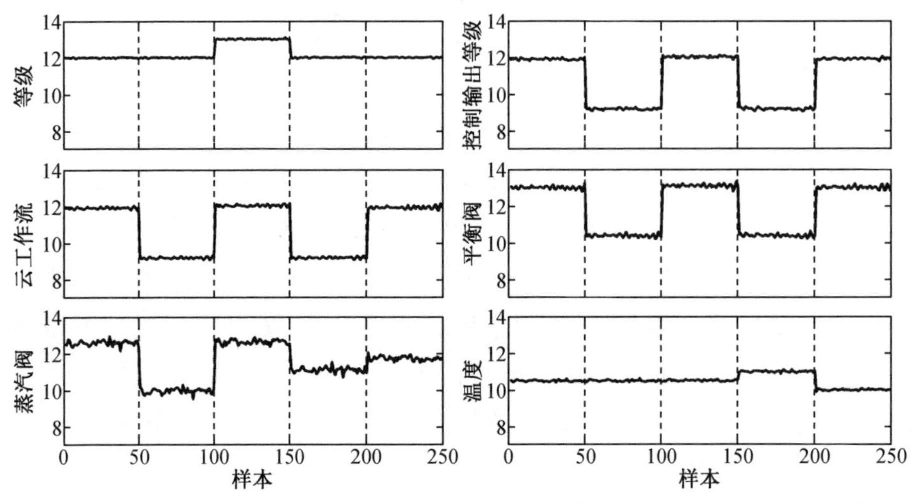


图 3.2　在线过程测量

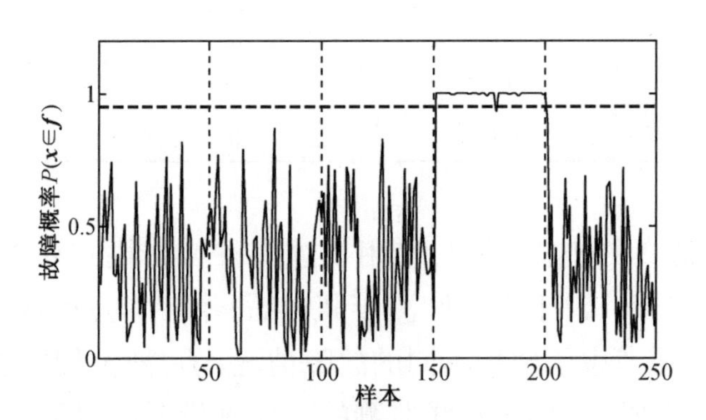


图 3.3　故障检测指数

# 3.5 结 束 语

本章提出了一种设计非线性多模过程故障检测系统的新技术。该方法的重点是检测那些影响产品质量或过程中性能变量的故障。将非线性过程假设为一个分段线性系统,利用EM算法对其相关模型进行辨识。此外,定义了一个唯一的指数,该指数表示系统中发生质量相关故障的概率。

作为其重要特征之一,该方法不需要标记数据进行离线建模。EM算法通过隐藏变量$\mathcal{Z}$内在地执行分类。此外,该方法不依赖于调度变量进行在线监测。取而代之的是,在不同模式下生成样本的后验概率被集成到检测方案中。

该方案的应用仅限于静态过程。下一章将扩展该概念,以涵盖非线性多模动态过程中的故障检测问题。此外,该方法将在接下来的章节中用作故障隔离问题的基础。

# 第4章　非线性多模动态系统的故障检测

多元统计过程监控方法是检测工业系统故障的有力工具。然而，工业过程经常受到动态变化的影响。这种主要由设定点变化引起的动态行为会导致数据中的均值偏移和协方差变化。第3章提出了一种能够处理均值和协方差变化的新方法。但是，它无法捕获数据中的序列相关性。虽然这个问题可以通过与DPCA或DPLS相同的方式，即用时间数据扩充过去的数据来解决[45]，但由间歇过程中经常发生的瞬态行为导致的问题却无法解决。

一般来说，这类过程的动态行为是由相互作用的连续和离散动力学决定的，其中离散动力学是由于局部模型变化产生的，因此在控制界通常被称为混合系统。近年来，许多研究致力于混合系统的识别、监测和控制，并开发了几种方法。

在本章中，首先概述了混合系统辨识的可用技术，并对各种方法进行了比较，说明了各自的优缺点；然后，提出了一种识别多模系统奇偶空间表示的新方法，并在此基础上提出了一种新的多模非线性动态系统质量监控方案。

## 4.1　混合系统识别

混合系统由于其广泛的应用范围，近年来受到越来越多的关注。基本上，混合系统是一种动态系统，其行为可以解释为连续和离散混合动力学。因此,多模动力学过程也可以在这一类中描述。多模系统中的连续动态是基于每个局部模型的动态行为,可以用状态空间形式或其他动态表示来描述(见第2.1节)。当工作点发生变化时,离散动力学出现在多模系统中,使非线性动力学系统能够近似为线性系统的混合物。

在混合系统辨识方面,大部分研究工作都致力于分段仿射(PWA)模型的辨识。识别任务概括为分类,其中每个数据样本必须与最合适的局部模型相关联;以及参数估计,其中获得每个局部模型的参数。文献[95]概述了用于识别PWA系统的不同传统技术。

最近,人们提出了一些解决该问题的新方法。在文献[93]中,开发了一种新的序列方法,以识别以下形式的分段自回归外生(PWARX)模型:

$$y(k)=\boldsymbol{\phi}^{\mathrm{T}}(k)\boldsymbol{\theta}_i \tag{4.1}$$

式中,$\boldsymbol{\phi}(k)$表示过去的输入和输出数据;$\boldsymbol{\theta}_i$ 是第 $i^{\text{th}}$ 个局部模型的参数。为了估计未知参数向量 $\boldsymbol{\theta}_i$,开发了一种最小化误差函数的迭代算法

$$\begin{gathered}\boldsymbol{\Phi} = \sum_{i=1}^{K}\sum_{k=1}^{N}(y(k) - y(k,i))^2 p(k,i)\\ y(k,i) = \boldsymbol{\phi}^{\mathrm{T}}(k)\boldsymbol{\theta}_i\end{gathered} \tag{4.2}$$

式中,$p(k,i)$是模式 $i$ 中样品 $k$ 的质量。该算法的每次迭代包括两个步骤,首先确定权重 $p(k,i)$,然后在给定权重的情况下识别局部ARX模型。

在文献[111]中,作者提出了一种利用子空间辨识方法辨识分段线性状态空间模型的新方法。其工作中考虑的系统描述如下:

$$\begin{cases}\boldsymbol{x}(k+1) = \sum\limits_{i=1}^{K} p(k,i)(\boldsymbol{A}_i\boldsymbol{x}(k) + \boldsymbol{B}_i\boldsymbol{u}(k))\\ \boldsymbol{y}(k) = \sum\limits_{i=1}^{K} p(k,i)(\boldsymbol{C}_i\boldsymbol{x}(k) + \boldsymbol{D}_i\boldsymbol{u}(k))\end{cases} \tag{4.3}$$

假设开关信号 $p(k,i)$ 可用。此外,文献[111]还讨论了子空间辨

识中的状态变换问题。文献[111]提出的解决方案已扩展到文献[64]中没有开关信号的情况;给出了一种基于子空间辨识的迭代解,用于辨识式(4.3)中的模型参数,以确定开关信号 $p(k,i)$ 和模式数 $K$;为了确定开关信号,使用了文献[10]中开发的方法,该方法检测投影子空间中的秩变化。

文献[86]中使用了基于 GMM 和支持向量分类器(SVC)的统计聚类方法来估计式(4.1)中 PWARX 模型的参数。在该方法中,使用 GMM 对测量数据进行分类,并使用 SVC 确定两个相邻区域的超平面边界。利用最小二乘法进一步辨识局部模型的参数。

在文献[122-123]中,作者开发了一种新方法,用于识别 PWA 系统的自回归滑动平均(ARMA)模型的混合,并用于时间序列聚类。EM 算法用于识别模型参数,并使用贝叶斯信息准则(BIC)确定局部模型的数量。

在文献[65]中,作者提出了一种用于识别式(4.1)中 PWARX 形式混合系统的贝叶斯方法。该方法将未知模型参数视为具有特定分布的随机变量。辨识问题被视为在给定观测值和先验知识的情况下计算模型参数的后验概率。

在文献[60]中,作者使用 EM 技术开发了 PWARX 模型的鲁棒识别技术,并证明了其对异常值的鲁棒性。该方法已进一步扩展到多模型线性参数变化(LPV)方法,以处理非线性系统的辨识问题[62]。EM 算法中集成了显示局部模型之间转换的调度变量,以确定非线性系统中每个局部模型的有效宽度。文献[61]和[28]分别给出了这些方法对具有马尔可夫切换的 PWARX 系统和具有缺失观测值的非线性参数变化系统的推广。

利用 PWA 假设研究非线性系统的辨识问题已经发展了许多方法,但尚未研究此类系统 FD 方案的数据驱动设计。为此,考虑到系统的 PWA 行为,本章开发了一种新的方法用于识别多模动态系统的奇偶空间残差观测器。

# 4.2 准备工作和问题制订

在一个工作于不同运行状态的实际系统中,由于系统中的非线性,模型可能会发生变化,模型参数的任何偏差都会触发错误警报。为了解决这个问题,可以在每个步骤中重复更新模型。但是,当故障增长缓慢时,模型将适应故障,残差将对故障不敏感[84-85]。另一种解决方案是为每个运行工况识别一个模型,根据识别出的模型设计 FD 系统,并结合残差信号来检测电厂的异常行为。在我们的研究中,提出了一种基于后一种概念的故障检测系统的设计方法,使用 PS 模型的直接识别。第 2.2.3 节介绍了基于 PS 的残差发生器,第 2.4 节和算法 1 详述了 LTI 系统的数据驱动实现。

考虑一个在 $K$ 个不同模式 $\mathcal{M}_1,\mathcal{M}_2,\cdots,\mathcal{M}_K$ 下工作的动态系统,其中每个操作模式下的过程测量和产品质量之间的关系可以用状态空间表示来表征:

$$\begin{cases}\boldsymbol{x}(k+1)=\boldsymbol{A}_i\boldsymbol{x}(k)+\boldsymbol{B}_i\boldsymbol{u}(k)+\boldsymbol{w}(k)\\ \boldsymbol{y}(k)=\boldsymbol{C}_i\boldsymbol{x}(k)+\boldsymbol{D}_i\boldsymbol{u}(k)+\boldsymbol{v}(k)\end{cases} \tag{4.4}$$

式中,$\boldsymbol{x}\in\mathbb{R}^n$,表示状态;$\boldsymbol{u}\in\mathbb{R}^l$,是过程测量的向量;$\boldsymbol{y}\in\mathbb{R}$,是产品质量测量;矩阵 $\boldsymbol{A}_i$、$\boldsymbol{B}_i$、$\boldsymbol{C}_i$ 和 $\boldsymbol{D}_i$ 是具有适当维数的状态空间矩阵;向量 $\boldsymbol{w}(k)\in\mathbb{R}^n$ 和 $\boldsymbol{v}(k)\in\mathbb{R}^n$ 均假设为满足零均值正态分布白噪声。

$$E\left\{\begin{bmatrix}\boldsymbol{w}(i)\\ \boldsymbol{v}(i)\end{bmatrix}\begin{bmatrix}\boldsymbol{w}^{\mathrm{T}}(j) & \boldsymbol{v}^{\mathrm{T}}(j)\end{bmatrix}\right\}=\begin{bmatrix}\boldsymbol{Q} & \boldsymbol{S}\\ \boldsymbol{S}^{\mathrm{T}} & \boldsymbol{R}\end{bmatrix}\delta_{ij}\geqslant 0$$

这些向量均独立于输入向量 $\boldsymbol{u}(k)$ 和初始状态 $\boldsymbol{x}(0)$。假设系统矩阵 $\boldsymbol{A}_i$、$\boldsymbol{B}_i$、$\boldsymbol{C}_i$ 和 $\boldsymbol{D}_i$ 阶数为 $n$,以及矩阵 $\boldsymbol{Q}$、$\boldsymbol{S}$ 和 $\boldsymbol{R}$ 是先验未知的。每种模式的基于 PS 的残差发生器可以使用式(2.18)构建,如下所示:

$$r_i(k)=\boldsymbol{v}_{s,i}(\boldsymbol{y}_s(k)-\boldsymbol{H}_{u,s,i}\boldsymbol{u}_s(k)) \tag{4.5}$$

式中,$\boldsymbol{u}_s(k)$ 和 $\boldsymbol{y}_s(k)$ 的构造方式与式(2.14)中所示相同。等效地,为

了避免在 FD 方案中使用历史数据,可以使用基于 PS 和基于观测器的残差发生器之间的一对一关系来获得 FD 系统基于观测器的实现。式(4.5)中的残差信号 $r_i(k)$ 在无故障情况下趋于零,假设系统在模式$\mathcal{M}_i$ 下运行,并且隐含地取决于模型参数。此外,残差信号 $r_i(k)$ 可用于检测系统在模式$\mathcal{M}_i$ 下工作时发生的故障,对于其他模式,它会导致误报。

主要思想是使用 EM 算法识别式(4.5)所示多模系统中每种模式的基于 PS 的残差发生器,并在此基础上设计基于观测器的残差发生器。最后,将使用结合局部故障检测结果的贝叶斯推理策略来实现故障检测。

## 4.3 多模系统基于 PS 的残差发生器的识别

考虑一个在 $K$ 个不同模式$\mathcal{M}_1,\mathcal{M}_2,\cdots,\mathcal{M}_K$ 下工作的动态系统,其中每个模式由具有不同模型参数的式(4.4)表示。目标是使用式(4.5)中基于 PS 的残差发生器为拟定系统设计故障检测方案,假设不同模式的模型参数未知。为此,首先应使用历史数据确定动态混合模型。假设从 $N$ 个不同的样本中收集了可用的历史数据$\mathcal{D}$,每个样本包含过程变量的测量值 $\boldsymbol{u}\in\mathbb{R}^l$ 和质量变量 $\boldsymbol{y}\in\mathbb{R}$:

$$\mathcal{D}=\left\{\begin{bmatrix}\boldsymbol{y}(1)\\\boldsymbol{u}(1)\end{bmatrix},\begin{bmatrix}\boldsymbol{y}(2)\\\boldsymbol{u}(2)\end{bmatrix},\cdots,\begin{bmatrix}\boldsymbol{y}(N)\\\boldsymbol{u}(N)\end{bmatrix}\right\}=\{\boldsymbol{d}(1),\boldsymbol{d}(2),\cdots,\boldsymbol{d}(N)\}\tag{4.6}$$

假设样本 $\boldsymbol{d}(k)$ 以模式$\mathcal{M}_i$ 生成,即 $\boldsymbol{d}(k)\in\mathcal{M}_i$,基于 PS 的残差信号可以表示为

$$r_i(k)=\boldsymbol{v}_{s,i}\boldsymbol{y}_s(k)-\boldsymbol{v}_{s,i}\boldsymbol{H}_{u,s,i}\boldsymbol{u}_s(k)\sim\mathcal{N}(0,\sigma_i^2)\tag{4.7}$$

在无故障情况下,其中 $\sigma_i^2$ 表示残差信号的方差,该方差取决于

系统中的噪声。

因此,基于 PS 方案的离线设计任务是使用历史数据估计以下参数:

$$\boldsymbol{\Theta}=\{(\boldsymbol{v}_{s,i},\boldsymbol{v}_{s,1}\boldsymbol{H}_{u,s,1},\sigma_1^2),\cdots,(\boldsymbol{v}_{s,K},\boldsymbol{v}_{s,K}\boldsymbol{H}_{u,s,K},\sigma_K^2)\} \tag{4.8}$$

将奇偶向量的元素视为

$$\boldsymbol{v}_{s,i}=[v_{s,i}^0 \quad v_{s,i}^1 \quad \cdots \quad v_{s,i}^s]$$

$$\boldsymbol{v}_{s,i},\boldsymbol{H}_{s,s,i}=[\boldsymbol{\lambda}_{s,i}^0 \quad \boldsymbol{\lambda}_{s,i}^1 \quad \cdots \quad \boldsymbol{\lambda}_{s,i}^s] \tag{4.9}$$

使用最大似然概念[11],似然函数可以表示为

$$p(\boldsymbol{d}(k))=p(y(k)\mid y(k-1),\cdots,y(k-s+1),\boldsymbol{u}(k),\cdots,\boldsymbol{u}(k-s+1)) \tag{4.10}$$

在式(4.10)的推导过程中,假设动态系统的当前输出由过去的输出以及时间和过去的输入描述,直到 $s$ 时间延迟。这是正确的,因为选择 $s$ 时,$s\geqslant n$,如第 2.2.3 节所述。此外,假设式(2.15)中的秩条件成立。

为了将其推广到多模系统,在特定模式下生成的样本通过边缘化集成到似然函数中的概率

$$p(\boldsymbol{d}(k)) = \sum_{i=1}^{K} p(\boldsymbol{d}(k)\mid\theta_i)p(\mathcal{M}_i) \tag{4.11}$$

式中,$\theta_i=\{\boldsymbol{v}_{s,i}\boldsymbol{v}_{s,i}\boldsymbol{H}_{u,s,i},\sigma_i^2\}$。使用 MLE 方法,可通过最大化以下条件似然函数来识别式(4.8)中多模系统的未知参数 $\boldsymbol{\Theta}$。

$$\begin{aligned}\hat{\boldsymbol{\Theta}}_{\mathrm{MLE}} &= \arg\max_{\boldsymbol{\Theta}}\{p(\boldsymbol{d}(1),\cdots,\boldsymbol{d}(N)\mid\boldsymbol{\Theta})\}\\ &= \arg\max_{\boldsymbol{\Theta}}\left\{\prod_{k=1}^{N} p(y(k)\mid y(k-1),\cdots,y(k-s+1),\boldsymbol{u}(k),\cdots,\right.\\ &\qquad \left.\boldsymbol{u}(k-s+1),\boldsymbol{\Theta})\right\}\\ &= \arg\max_{\boldsymbol{\Theta}}\{\prod_{k=1}^{N}\sum_{i=1}^{K} p(y(k)\mid y(k-1),\cdots,y(k-s+1),\\ &\qquad \boldsymbol{u}(k),\cdots,\boldsymbol{u}(k-s+1),\theta_i)p(\mathcal{M}_i)\}\end{aligned} \tag{4.12}$$

式(4.12)中 MLE 问题的解析解不可行。因此,与第 3.3.1 节中

提出的方法相同,EM 算法用于估计未知参数 $\Theta$。

EM 算法基于以下假设:$\mathcal{D}$是一个不完整的数据集,其中缺失的部分可以解释为 $N$ 个标记,$\mathcal{Z}=\{z(1),z(2),\cdots,z(N)\}$,表示在各操作模式下生成的每个样本。在 EM 算法中,完整数据$\mathcal{C}=\{\mathcal{D},\mathcal{Z}\}$的对数似然的条件期望在 E-step 中计算如下:

$$\mathcal{Q}(\Theta|\Theta^{\text{old}})=E\{\log p(\mathcal{D},\mathcal{Z}|\Theta)|\mathcal{D},\Theta^{\text{old}}\} \tag{4.13}$$

M-step 中的参数估计根据下式更新:

$$\Theta=\arg\max_{\Theta}\mathcal{Q}(\Theta|\Theta^{\text{old}}) \tag{4.14}$$

对于式(4.12)中的似然问题,式(4.13)中 EM 算法的 E-step 中的条件期望,使用隐藏变量$\mathcal{Z}$作为模式指示器,可写为

$$\begin{aligned}\mathcal{Q}(\Theta|\Theta^{\text{old}})&=E\{\log p(\mathcal{D},\mathcal{Z}|\Theta)|\mathcal{D},\Theta^{\text{old}}\}\\&=E\{\log p(\boldsymbol{d}(1),\boldsymbol{d}(2),\cdots,\boldsymbol{d}(N),z(1),z(2),\cdots,\\&\quad z(N)|\Theta)|\mathcal{D},\Theta^{\text{old}}\}\\&=E\Big\{\log\prod_{k=1}^{N}p(y(k)|y(k-1),\cdots,y(k-s+1),\boldsymbol{u}(k),\cdots,\\&\quad\boldsymbol{u}(k-s+1),z(k),\Theta)p(z(k)|\Theta)|\mathcal{D},\Theta^{\text{old}}\Big\}\\&=E\Big\{\sum_{k=1}^{N}\log p(y(k)|y(k-1),\cdots,y(k-s+1),\boldsymbol{u}(k),\cdots,\\&\quad\boldsymbol{u}(k-s+1),z(k),\Theta)+\sum_{k=1}^{N}\log p(z(k)|\Theta|\mathcal{D},\Theta^{\text{old}}\Big\}\end{aligned} \tag{4.15}$$

考虑式(4.15)中的条件期望

$$\begin{aligned}\mathcal{Q}(\Theta|\Theta^{\text{old}})=&\sum_{k=1}^{N}\sum_{i=1}^{K}\{p(z(k)=i|\Theta^{\text{old}},\mathcal{D}\}\times\\&\log p(y(k)|y(k-1),\cdots,y(k-s+1),\boldsymbol{u}(k),\cdots,\\&\boldsymbol{u}(k-s+1),z(k),\theta_i)\}+\sum_{k=1}^{N}\sum_{i=1}^{K}p(z(k)=i|\Theta^{\text{old}},\mathcal{D})\times\\&\log p(z(k)=i|\theta_i)\end{aligned} \tag{4.16}$$

在 EM 算法的 M-step 中,给定上一次迭代计算的参数

$\mathcal{Q}(\Theta|\Theta^{\text{old}})$,确定使条件期望$\mathcal{Q}(\Theta|\Theta^{\text{old}})$最大化的未知参数。为此,计算$\mathcal{Q}(\Theta|\Theta^{\text{old}})$对未知参数的导数并将其设置为零。M-step 中的参数更新如下:

$$\begin{cases} p(\mathcal{M}_i) = \dfrac{\sum_{k=1}^{N} p(\mathcal{M}_i|\boldsymbol{d}(k),\theta_i^{\text{old}})}{N} \\ \sigma_i^2 = \dfrac{\sum_{k=1}^{N} p(\mathcal{M}_i|\boldsymbol{d}(k),\theta_i^{\text{old}})(\boldsymbol{v}_{s,i}\boldsymbol{y}_s(k) - \boldsymbol{v}_{s,i}\boldsymbol{H}_{u,s,i}\boldsymbol{u}_s(k))^2}{\sum_{k=1}^{N} p(\mathcal{M}_i|\boldsymbol{d}(k),\theta_i^{\text{old}})} \end{cases} \tag{4.17}$$

通过考虑 $v_{s,i}^{s}=1$,奇偶向量通过求解以下最小二乘问题进行更新:

$$[v_{s,i}^{0} \quad v_{s,i}^{1} \quad \cdots \quad v_{s,i}^{s-1} \quad \boldsymbol{\lambda}_{s,i}^{0} \quad \boldsymbol{\lambda}_{s,i}^{1} \quad \cdots \quad \boldsymbol{\lambda}_{s,i}^{s}]\boldsymbol{G} = -\boldsymbol{H} \tag{4.18}$$

式中

$$\begin{cases} \boldsymbol{G} = \left[\begin{array}{c|c} \boldsymbol{G}_1 & \boldsymbol{G}_2 \\ \hline \boldsymbol{G}_3 & \boldsymbol{G}_4 \end{array}\right] \\ \boldsymbol{H} = [\boldsymbol{H}_1 | \boldsymbol{H}_2] \end{cases} \tag{4.19}$$

式中,矩阵的块元素 $\boldsymbol{G}_1 \in \mathbb{R}^{s\cdot s}$,$\boldsymbol{G}_2 \in \mathbb{R}^{s\cdot(s+1)l}$,$\boldsymbol{G}_3 \in \mathbb{R}^{(s+1)l\cdot s}$,$\boldsymbol{G}_4 \in \mathbb{R}^{(s+1)l\cdot(s+1)l}$,$\boldsymbol{H}_1 \in \mathbb{R}^{s}$ 和 $\boldsymbol{H}_2 \in \mathbb{R}^{(s+1)l}$的计算如下:

当 $m,n=1,2,\cdots,s$ 时

$$\boldsymbol{G}_1(m,n) = \sum_{k=1}^{N} p(\mathcal{M}_i|\boldsymbol{d}(k),\theta_i^{\text{old}})y(k-n)y(k-m)$$

当 $m=1,2,\cdots,s;n=1,2,\cdots,s+1$ 时

$$\boldsymbol{G}_2(m,n) = \sum_{k=1}^{N} p(\mathcal{M}_i|\boldsymbol{d}(k),\theta_i^{\text{old}})y(k-m)\boldsymbol{u}^{\text{T}}(k-n)$$

当 $m=1,2,\cdots,s+1;n=1,2,\cdots,s$ 时

$$\boldsymbol{G}_3(m,n) = \sum_{k=1}^{N} p(\mathcal{M}_i|\boldsymbol{d}(k),\theta_i^{\text{old}})y(k-n)\boldsymbol{u}(k-m)$$

当 $m,n=1,2,\cdots,s+1$ 时

$$\boldsymbol{G}_4(m,n) = \sum_{k=1}^{N} p(\mathcal{M}_i|\boldsymbol{d}(k),\theta_i^{\text{old}})\boldsymbol{u}(k-m)\boldsymbol{u}^{\text{T}}(k-n)$$

当 $m=1,2,\cdots,s$ 时

$$\boldsymbol{H}_1(m) = \sum_{k=1}^{N} p(\mathcal{M}_i|\boldsymbol{d}(k),\theta_i^{\text{old}})y(k-m)y(k)$$

当 $m=1,2,\cdots,s+1$ 时

$$\boldsymbol{H}_2(m) = \sum_{k=1}^{N} p(\mathcal{M}_i|\boldsymbol{d}(k),\theta_i^{\text{old}})y(k)\boldsymbol{u}^{\text{T}}(k-m) \tag{4.20}$$

式(4.17)和式(4.20)中的概率 $p(\mathcal{M}_i|\boldsymbol{d}(k),\theta_i^{\text{old}})$，在 E-step 中使用贝叶斯规则进行计算：

$$p(\mathcal{M}_i|\boldsymbol{d}(k),\theta_i^{\text{old}}) = \frac{p(\mathcal{M}_i)p(\boldsymbol{d}(k)|\mathcal{M}_i,\theta_i^{\text{old}})}{\sum_{j=1}^{K} p(\mathcal{M}_j)p(\boldsymbol{d}(k)|\mathcal{M}_j,\theta_j^{\text{old}})} \tag{4.21}$$

使用 EM 算法，可识别过程不同模式下基于 PS 的残差发生器的参数，如式(4.17)、式(4.18)和式(4.21)所示。此外，还识别了每个工作点对应的残差信号的方差，这将进一步用于阈值计算。该残差信号可用于故障检测，这将在下一节中解释。然而，基于 PS 的残差发生器的在线实现需要合并过去和时间数据，从实现角度来看，这可能没有吸引力。

为了克服这一缺点，使用第 2.2.4 节介绍的基于 PS 的残差发生器和 DO 之间的一对一关系来构建每个模式的诊断观测器。按照式(2.11)中 DO 的形式，基于多模观测器的残差发生器按以下形式构造：

$$\begin{cases}\boldsymbol{z}(k+1) = \boldsymbol{A}_z\boldsymbol{z}(k) + \boldsymbol{B}_{z,i}\boldsymbol{u}(k) + \boldsymbol{L}_{z,i}\boldsymbol{y}(k)\\ \boldsymbol{r}_i(k) = \boldsymbol{g}_{z,i}\boldsymbol{y}(k) - \boldsymbol{c}_z\boldsymbol{z}(k) - \boldsymbol{d}_{z,i}\boldsymbol{u}(k)\end{cases} \tag{4.22}$$

式中

$$\boldsymbol{A}_z = \begin{bmatrix} 0 & 0 & \cdots & 0 & 0 \\ 1 & 0 & \cdots & 0 & 0 \\ \vdots & \vdots & & \vdots & \vdots \\ 0 & 0 & \cdots & 1 & 0 \end{bmatrix}$$

$$\boldsymbol{L}_{z,i} = -\begin{bmatrix} v_{s,i}^{0} \\ v_{s,i}^{1} \\ \vdots \\ v_{s,i}^{s-1} \end{bmatrix}$$

$$\boldsymbol{c}_z = [0 \quad \cdots \quad 0 \quad 1]$$

$$\boldsymbol{g}_{z,i} = \boldsymbol{v}_{s,i}^{s}$$

$$\boldsymbol{d}_{z,i} = \boldsymbol{\lambda}_{s,i}^{s}$$

$$\boldsymbol{B}_{z,i} = \begin{bmatrix} \boldsymbol{\lambda}_{s,i}^{0} \\ \boldsymbol{\lambda}_{s,i}^{1} \\ \vdots \\ \boldsymbol{\lambda}_{s,i}^{s-1} \end{bmatrix} \tag{4.23}$$

基于 DO 或 PS 的残差发生器获得的残差信号表明，假设采集的测量值是在相应模式下生成的，则表明存在故障。为了构造一个表示系统故障并将其与模式变化区分开来的指标，使用贝叶斯推理策略将这些假设结合起来，并定义一个用于 FD 目的的全局指数。

## 4.4 故障检测方案

到目前为止，描述了有限混合模型的估计。为了进行故障检测，识别出每个分量对应的奇偶向量，并基于这些奇偶向量，利用等式构造基于观测器的残差发生器（式(4.22)和式(4.23)）。该步骤是在故障检测系统的离线设计中完成的。

对于在线实施，当有新的测量样本可用时，故障检测系统应首先将样本分配给一个组件，这意味着样本是从某个模型或系统工作在某个模式下生成的，然后基于此，确定样本是有故障的还是正常的，假设它最初来自该模式。在此步骤中，可以使用贝叶斯推理方案来执行此分析。首先，计算所有组件样本的后验概率

$$\begin{aligned} p(\boldsymbol{d}(k) \in \mathcal{M}_i) &= p(\mathcal{M}_i|\boldsymbol{d}(k)) \\ &= \frac{p(\boldsymbol{d}(k)|\mathcal{M}_i)p(\mathcal{M}_i)}{p(\boldsymbol{d}(k))} \\ &= \frac{p(\boldsymbol{d}(k)|\mathcal{M}_i)p(\mathcal{M}_i)}{\sum_{i=1}^{K} p(\mathcal{M}_i)p(\boldsymbol{d}(k)|\mathcal{M}_i)} \end{aligned} \tag{4.24}$$

式中，$\sum_{i=1}^{K} p(\mathcal{M}_i|\boldsymbol{d}(k)) = 1, \boldsymbol{d}(k) = \begin{bmatrix} \boldsymbol{y}(k) \\ \boldsymbol{u}(k) \end{bmatrix}$。

假设 $\boldsymbol{d}(k) \in \mathcal{M}_i$ 可使用式(4.22)计算与该样本相对应的残差，其中残差信号为高斯信号，正常工作条件下 $r_i \sim \mathcal{N}(0, \sigma_i^2)$。根据该残差，测试信号

$$J_i(k) = \frac{1}{\sigma_i^2}(\boldsymbol{r}_i(k))^{\mathrm{T}}\boldsymbol{r}_i(k) \tag{4.25}$$

可用于故障检测目的，其遵循一个自由度的 $\chi^2$ 分布，并作为故障指示器，假设测量信号来自组件 $\mathcal{M}_i$。为了进行故障检测，进一步定义了一个全局指数，以表示样本发生故障的概率：

$$J_g(k) = p(\boldsymbol{d}(k) \in \boldsymbol{f}) \tag{4.26}$$

该指数可通过边缘化获得，如下所示

$$J_g(k) = \sum_{i=1}^{K} p(\boldsymbol{d}(k) \in \boldsymbol{f}|\boldsymbol{d}(k) \in \mathcal{M}_i)p(\boldsymbol{d}(k) \in \mathcal{M}_i) \tag{4.27}$$

式中

$$p(\boldsymbol{d}(k) \in \boldsymbol{f}|\boldsymbol{d}(k) \in \mathcal{M}_i) = p(J_i \leqslant J_i(k)) \tag{4.28}$$

式(4.28)中的概率可通过将$\chi^2$概率密度函数与一个自由度积分得到。$0 \leqslant J_g(k) \leqslant 1$,置信水平$(1-\alpha)$可以指定用于故障检测目的,假设如下:

$$\begin{cases} J_g \leqslant 1-\alpha & \text{无故障} \\ J_g > 1-\alpha & \text{故障} \end{cases} \tag{4.29}$$

算法3总结了所提出故障检测方案的设计和实现过程。

---

**算法3 故障检测系统的设计**

步骤1,收集$N$个数据向量样本,如式(4.6)所示。

步骤2,执行EM算法,根据式(4.16)、式(4.17)和式(4.20)估计混合模型参数。

步骤3,对于$i=1:K$,使用式(4.23)构造对应于每个组件的诊断观测器。

步骤4,当有新的测量样本可用时,对于$i=1:K$,计算式(4.24)中所示的概率。

步骤5,对于$i=1:K$,计算与每个组件相关的残差,如式(4.22)和式(4.25)所示。

步骤6,计算表示样本故障概率的全局指示器,如式(4.27)所示。

步骤7,使用式(4.29)中的故障检测假设检测故障并转至步骤4。

---

# 4.5 示　　例

在本节中,提出的非线性动态多模系统故障检测方法将应用于CSTH基准示例。本示范性研究中考虑的CSTH工艺在三种不同的运行模式下运行,如表3.1所示。对于每个模式,采集500个样本以执行此实验。本研究中用于离线培训的过程测量如图4.1所示。基于PS的残差发生器如式(4.15)至式(4.21)所示。此外,利用基于PS的残差发生器和DO之间的一对一关系,针对所有$K$种不同模式设计了基于观测器的残差发生器,如式(4.22)和式(4.23)所示。

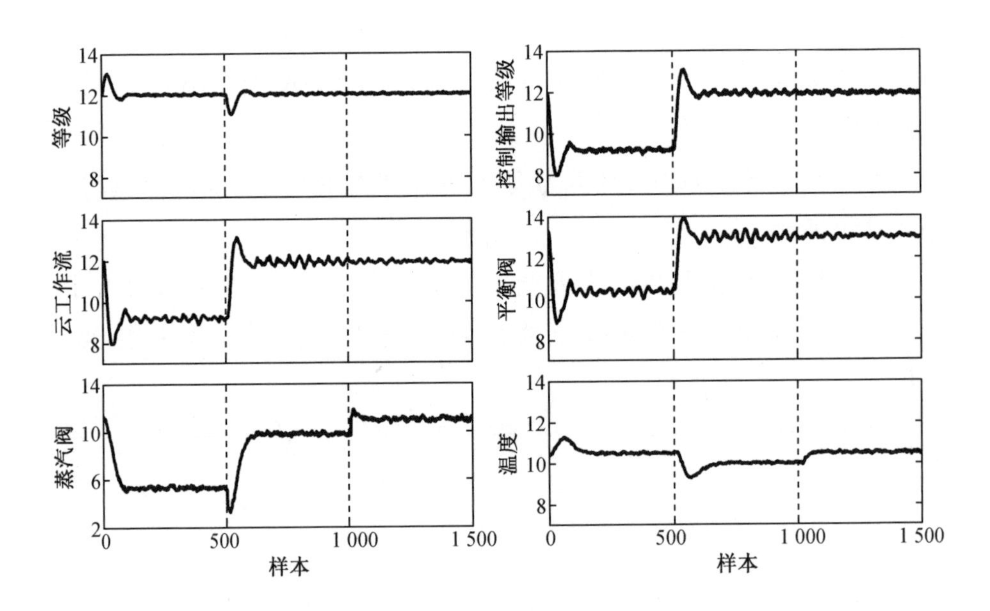


**图4.1　用于离线培训步骤的过程测量**

在本例的在线监测步骤中,考虑了一种故障场景,即蒸汽阀故障$f_2$。在线过程测量如图4.2所示。对于每个模式,使用200个样本。

测量图中还显示了由于设定点变化引起的系统瞬态行为。故障 $f_2$ 在第 600 次采样后出现，并持续到本次模拟结束。

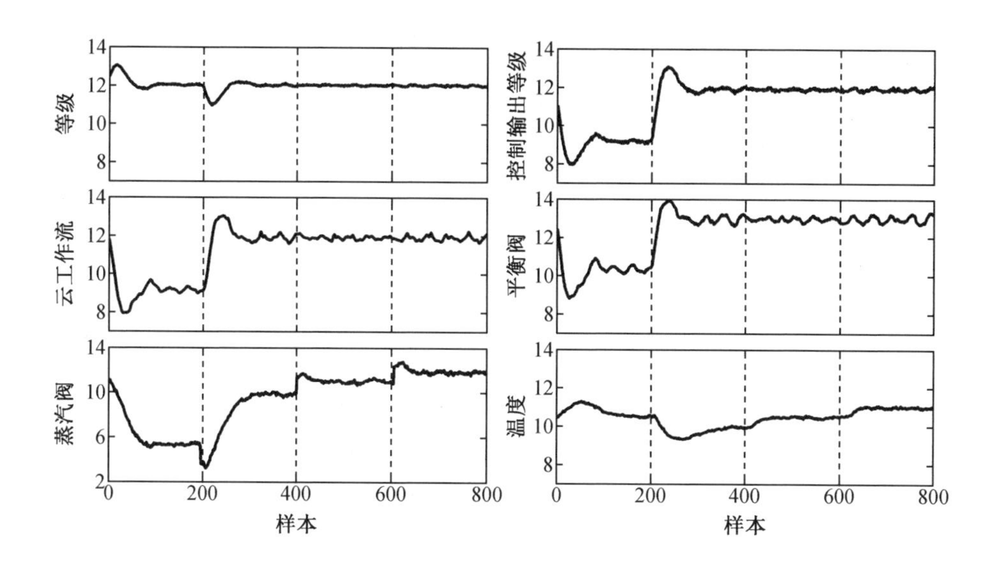


图 4.2 故障检测的在线过程测量

此外，将基于观测器的残余信号与测量样本属于相应模式的概率相结合，以建立全局故障检测指示器，如式(4.27)所述。结果如图 4.3 所示。95% 置信水平由虚线表示。在模拟开始时，FD 指数超过阈值并指示虚警，这是由残差发生器中的错误动态造成的。FD 指数保持在阈值以下，直到发生故障的第 600 个样本(除了少数假警报)。在过程中出现故障后，残差超过阈值并保持在阈值以上，表示故障检测成功。

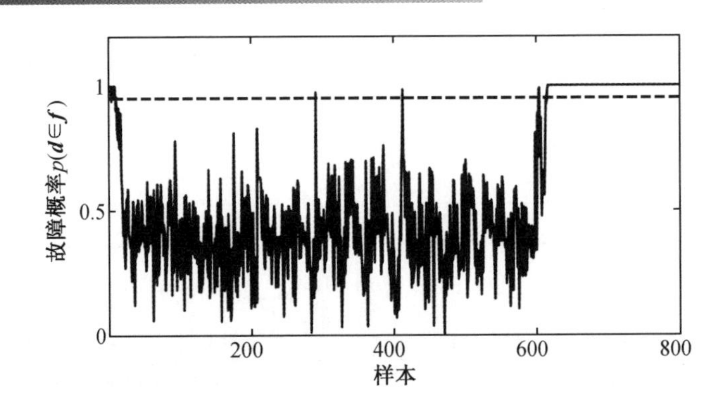


图 4.3　故障检测指示灯

# 4.6　结　束　语

在本章中,将第 3 章提出的非线性多模系统的故障检测方案推广到动态系统。首先推导了一种基于 EM 算法的识别方法,该方法直接识别与不同工作模式相关的奇偶向量。然后,利用识别出的奇偶向量设计多观测器残差生成方案。在在线监测中,当有新的测量样本可用时,对应于每个模式的残差信号与样本在该模式下生成的假设相结合,以构建用于 FD 目的的全局索引。通过在 CSTH SIMULINK 基准上的仿真,验证了该方法的性能和有效性。

# 第5章 非线性多模过程的故障诊断

故障隔离在过程监控和诊断中起着核心作用,有时对过程工程师来说是一个真正的挑战。基本上,故障隔离的任务是获取有关流程中故障位置的流程信息[29]。在现代大规模过程中,故障数量、过程组件和测量值都很大,因此故障隔离变得非常复杂。

在过去的几十年中,已经提出了几种使用 MSPM 技术进行故障隔离的解决方案。Fisher 判别分析已用于故障诊断[20,21,47,59,131],并应用于各种应用领域。已开发出隔离增强型 PCA,可提供结构化残差,其中每个残差对某些预选传感器或制动器故障敏感[41-43]。贡献分析已广泛用于确定变量对故障检测指数的贡献[83,87,117]。贡献率高的变量导致了系统的不良行为。贡献分析方法可能无法明确确定故障报警的原因,但可以作为工艺工程师查找故障源的指南。

基于 MSPM 技术的故障隔离方法通常依赖于正常运行数据的单峰高斯分布。最近,很少有研究涉及多模过程中的故障隔离问题。在文献[16]中,作者开发了一种基于缺失变量方法的概率贡献分析方法。一旦检测到故障,将重新计算监控指数,其中缺少一个变量。这将对所有变量重复。与重新计算的最小指数相对应的变量将表示为风险变量。所提出的思想已扩展到 PPCA 混合模型[70,105],用于多模过程中的故障检测和诊断。

在上述工作的推动下,本章提出了一种新的多模过程故障诊断概率方法。为此,第3章中提出的统一索引用于质量相关故障检测。一旦检测到故障,该指标将分解为两部分:一部分表示正常运行条件下监测指标的行为,另一部分表示变量对故障的贡献,用于诊断目的。

## 5.1 准备工作

在实践中,故障检测之后通常会执行隔离步骤,确定故障位置。在 MSPM 的背景下,隔离通常通过贡献分析来完成,其中确定了导致故障的过程变量,并构建了贡献图。采用 MSPM 方法建立的统计模型将用于分析过程变量或潜在变量对故障检测指标的贡献。基于完全分解和部分分解以及基于角度的贡献分析的方法已经开发并成功应用于诊断目的。在这些方法中,通常考虑故障检测指数的二次型:

$$\mathrm{Index}(\boldsymbol{x}) = \bar{\boldsymbol{x}}^{\mathrm{T}}\boldsymbol{D}\,\bar{\boldsymbol{x}} \tag{5.1}$$

式中,$\bar{\boldsymbol{x}} \in \mathbb{R}^m$ 是归一化过程度量;矩阵 $\boldsymbol{D}$ 是基于监控指数和 MSPM 方法构建的,例如在基于 PCA 的过程监控中

$$\boldsymbol{D} = \boldsymbol{P}_{\mathrm{pc}}\boldsymbol{\Lambda}_{\mathrm{pc}}^{-1}\boldsymbol{P}_{\mathrm{pc}}^{\mathrm{T}} \tag{5.2}$$

对于 $T^2$(见式(2.25))

$$\boldsymbol{D} = \boldsymbol{P}_{\mathrm{res}}\boldsymbol{\Xi}\boldsymbol{P}_{\mathrm{res}}^{\mathrm{T}} \tag{5.3}$$

对于 $T_{\mathrm{new}}^2$(见式(2.29)),监测指标可分解为

$$\mathrm{Index}(\boldsymbol{x}) = \bar{\boldsymbol{x}}^{\mathrm{T}}\boldsymbol{D}\,\bar{\boldsymbol{x}} = \|\boldsymbol{D}^{(1/2)}\bar{\boldsymbol{x}}\|^2 = \sum_{j=1}^{m}(\boldsymbol{\xi}_j^{\mathrm{T}}\boldsymbol{D}^{(1/2)}\bar{\boldsymbol{x}})^2 = \sum_{j=1}^{m}c_j^{\mathrm{Index}} \tag{5.4}$$

式中,$c_j^{\mathrm{Index}}$ 是变量 $x_j$ 对 $\mathrm{Index}(\boldsymbol{x})$ 的贡献;$\boldsymbol{\xi}_j$ 是单位矩阵的 $j^{\mathrm{th}}$ 列[83]。通过选择合适的 $\boldsymbol{D}$,可以实现 PCA 和 PLS 方法的诊断方案[77]。

最近,在文献[1]中发现,标准贡献分析可能导致错误诊断,并提出了一种替代方法。该方法基于沿可变方向重构故障检测指标,因此称为基于重构的贡献(RBC)。当方向为 $\boldsymbol{\xi}_j$ 的系统发生故障时,重构的测量矢量可以表示为

$$z_j = \bar{\boldsymbol{x}} - \boldsymbol{\xi}_j \boldsymbol{f} \tag{5.5}$$

式中,$\boldsymbol{f}$ 是要确定的重构部分;$\boldsymbol{z}_j$ 表示变量的无故障行为,可以通过找到使 Index($\boldsymbol{z}_j$)最小的 $\boldsymbol{f}$ 值来构造。

$$\mathrm{Index}(\boldsymbol{z}_j)=\boldsymbol{z}_j^{\mathrm{T}}\boldsymbol{D}\boldsymbol{z}_j=\|\boldsymbol{D}^{(1/2)}(\bar{\boldsymbol{x}}-\boldsymbol{\xi}_j\boldsymbol{f})\|^2 \tag{5.6}$$

$\boldsymbol{f}$ 的最佳值可通过 Index($\boldsymbol{z}_j$)相对于 $\boldsymbol{f}$ 的推导获得:

$$\frac{\mathrm{d}(\mathrm{Index}(\boldsymbol{z}_j))}{\mathrm{d}\boldsymbol{f}}=-2(\bar{\boldsymbol{x}}-\boldsymbol{\xi}_j\boldsymbol{f})^{\mathrm{T}}\boldsymbol{D}\boldsymbol{\xi}_j \tag{5.7}$$

使式(5.7)等于零收益率:

$$\boldsymbol{f}=(\boldsymbol{\xi}_j^{\mathrm{T}}\boldsymbol{D}\boldsymbol{\xi}_j)^{-1}\boldsymbol{\xi}_j^{\mathrm{T}}\boldsymbol{D}\bar{\boldsymbol{x}} \tag{5.8}$$

变量 $x_j$ 对故障检测 Index($\boldsymbol{x}$)的基于重构的贡献可描述为

$$\mathrm{RBC}_j^{\mathrm{Index}}=\|\boldsymbol{D}^{(1/2)}\boldsymbol{\xi}_j\boldsymbol{f}\|^2 \tag{5.9}$$

或者

$$\mathrm{RBC}_j^{\mathrm{Index}}=\bar{\boldsymbol{x}}^{\mathrm{T}}\boldsymbol{D}\boldsymbol{\xi}_j(\boldsymbol{\xi}_j^{\mathrm{T}}\boldsymbol{D}\boldsymbol{\xi}_j)^{-1}\boldsymbol{\xi}_j^{\mathrm{T}}\boldsymbol{D}\bar{\boldsymbol{x}} \tag{5.10}$$

有趣的是,故障检测指数、重构指数和基于重构的贡献之间存在以下关系:

$$\mathrm{Index}(\boldsymbol{x})=\mathrm{Index}(\boldsymbol{z}_j)+\mathrm{RBC}_j^{\mathrm{Index}} \tag{5.11}$$

构建指数 Index($\boldsymbol{z}_j$)、$\mathrm{RBC}_j^{\mathrm{Index}}$ 都可用于诊断目的[1,34]。

基于贡献分析的概念,已经开发了几种方法并应用于不同的应用。文献[2]和其中的参考文献概述了这些方法及其推广。

## 5.2 多模过程的概率故障诊断

贡献分析方法通常假定电厂的单一正常运行模式。在这种情况下,异常事件将形成一个新的操作区域,正常和故障状态之间的差异用于识别变量贡献。在许多实际应用中,过程本身在不同的操作区域工作,使用标准贡献分析方法会导致错误诊断。为了解决这一问题,本节提出了一种新的故障隔离方法,该方法遵循第3章和第4章中提出的 FD 方法,并尝试以概率形式表示变量贡献。

为了将故障隔离方法扩展到多模式情况,将故障检测指标概括为给定样本 $\boldsymbol{x}(k)$ 发生故障的概率 $p(\boldsymbol{x}(k)\in\boldsymbol{f})$。利用边缘化,上述概率可以表示为

$$p(\boldsymbol{x}(k)\in\boldsymbol{f})=\sum_{i=1}^{K}p(\boldsymbol{x}(k)\in\boldsymbol{f}|\boldsymbol{x}\in\mathcal{M}_i)p(\boldsymbol{x}\in\mathcal{M}_i) \tag{5.12}$$

式中,$p(\boldsymbol{x}(k)\in\boldsymbol{f}|\boldsymbol{x}(k)\in\mathcal{M}_i)$ 可通过将检测指数的概率密度函数积分到其当前值来计算。换句话说:

$$\begin{aligned}p(\boldsymbol{x}(k)\in\boldsymbol{f}|\boldsymbol{x}(k)\in\mathcal{M}_i)&=p(\mathrm{Index}(\boldsymbol{x},i)\leqslant\mathrm{Index}(\boldsymbol{x}(k),i)\\&=\int_0^{\mathrm{Index}(\boldsymbol{x}(k),i)}\mathrm{PDF}(\mathrm{Index}(\boldsymbol{x},i))\mathrm{d}\boldsymbol{x}\end{aligned} \tag{5.13}$$

式中,$\mathrm{Index}(.\,,i)$ 表示基于样本属于$\mathcal{M}_i$ 的假设的指数计算值。式(5.13)也可用作模式$\mathcal{M}_i$ 的局部故障指示器。$0\leqslant p(\boldsymbol{x}(k)\in\boldsymbol{f})\leqslant 1$,置信水平$(1-\alpha)$可以指定用于故障检测目的,假设

$$\begin{cases}p(\boldsymbol{x}(k)\in\boldsymbol{f})\leqslant 1-\alpha & \text{无故障}\\p(\boldsymbol{x}(k)\in\boldsymbol{f})>1-\alpha & \text{故障}\end{cases} \tag{5.14}$$

这种新的故障隔离方法的主要思想是计算故障测量样本 $\boldsymbol{x}(k)$ 的贡献,假设它属于模式$\mathcal{M}_i$,然后将其与测量 $\boldsymbol{x}(k)$ 在模式$\mathcal{M}_i$ 下生成的假设相结合。局部故障检测指数 $\mathrm{Index}(\boldsymbol{x}(k),i)$ 可使用式(5.11)分解为

$$\mathrm{Index}(\boldsymbol{x}(k),i)=\mathrm{Index}(\boldsymbol{z}_j(k),i)+\mathrm{RBC}_{j,i}^{\mathrm{Index}} \tag{5.15}$$

式中,$\mathrm{Index}(\boldsymbol{z}_j(k),i)$ 是根据沿变量 $x_j(k)$ 重建的测量值得出的检测指数,假设$\mathcal{M}_i$ 是当前运行模式,$\mathrm{RBC}_{j,i}^{\mathrm{Index}}$ 是基于重建的贡献量。使用式(5.15),可以将式(5.13)改写为

$$\begin{aligned}p(\boldsymbol{x}(k)\in\boldsymbol{f}|\boldsymbol{x}(k)\in\mathcal{M}_i)=&\int_0^{\mathrm{Index}(\boldsymbol{x}(k),i)-\mathrm{Index}(\boldsymbol{z}_j(k),i)}\mathrm{PDF}(\mathrm{Index}(\boldsymbol{x},i))\mathrm{d}\boldsymbol{x}+\\&\int_{\mathrm{Index}(\boldsymbol{x}(k),i)-\mathrm{Index}(\boldsymbol{z}_j(k),i)}^{\mathrm{Index}(\boldsymbol{x}(k),i)}\mathrm{PDF}(\mathrm{Index}(\boldsymbol{x},i))\mathrm{d}\boldsymbol{x}\end{aligned} \tag{5.16}$$

式(5.16)右侧的第一项表示重构影响对局部故障概率的贡献,第二项表示重构变量对局部故障概率的贡献。此外,式(5.16)中的第一项可以表示为

$$\begin{aligned}\mathrm{PRBC}_{j,i}^{\mathrm{Index}} &= \int_0^{\mathrm{Index}(\boldsymbol{x}(k),i)-\mathrm{Index}(z_j(k),i)} \mathrm{PDF}(\mathrm{Index}(\boldsymbol{x},i))\mathrm{d}\boldsymbol{x} \\ &= p(0 \leqslant \mathrm{Index}(\boldsymbol{x},i) \leqslant \mathrm{Index}(\boldsymbol{x}(k),i) - \\ &\quad \mathrm{Index}(\boldsymbol{z}_j(k),i) \mid \boldsymbol{x}(k) \in \mathcal{M}_i)\end{aligned} \tag{5.17}$$

式中,PRBC 代表概率 RBC。

将其推广到多模式过程,PRBC 可定义为

$$\begin{aligned}\mathrm{PRBC}_{j}^{\mathrm{Index}} &= \sum_{i=1}^{K} \mathrm{PRBC}_{j,i}^{\mathrm{Index}} p(\boldsymbol{x}(k) \in \mathcal{M}_i) \\ &= \sum_{i=1}^{K} p(0 \leqslant \mathrm{Index}(\boldsymbol{x},i) \leqslant \mathrm{Index}(\boldsymbol{x}(k),i) - \\ &\quad \mathrm{Index}(\boldsymbol{z}_j(k),i) \mid \boldsymbol{x}(k) \in \mathcal{M}_i) p(\boldsymbol{x}(k) \in \mathcal{M}_i)\end{aligned} \tag{5.18}$$

后验概率 $p(\boldsymbol{x}(k) \in \mathcal{M}_i)$ 用于式(5.18)中,以合并每个局部模型对 $\mathrm{PRBC}_j^{\mathrm{Index}}$ 的贡献。值得指出的是,$0 \leqslant \mathrm{PRBC}_j^{\mathrm{Index}} \leqslant 1$ 和有最高 $\mathrm{PRBC}_j^{\mathrm{Index}}$ 的变量 $x_j(k)$ 对故障的贡献更大,可能代表系统故障的来源。

计算概率 $p(\boldsymbol{x}(k) \in \mathcal{M}_i)$ 使用重构测量 $\boldsymbol{z}_j(k)$ 属于模式 $\mathcal{M}_i$ 的后验概率。这是因为假设 $\boldsymbol{x}(k)$ 为错误测量,因此可能无法正确表示过程的实际操作模式。因此,假定故障发生在第 $j$ 个传感器中,表示无故障测量估计的重构测量 $\boldsymbol{z}_j(k)$ 被边缘化替换。按照第3.3.2节所示的相同方式,使用贝叶斯推理策略计算后验概率

$$p(\boldsymbol{z}_j(k) \in \mathcal{M}_i) = \frac{p(\boldsymbol{z}_j(k) \mid \mathcal{M}_i) p(\mathcal{M}_i)}{p(\boldsymbol{z}_j(k))} = \frac{w_i g(\boldsymbol{z}_j(k) \mid \theta_i)}{\sum_{l=1}^{K} w_l g(\boldsymbol{z}_j(k) \mid \theta_l)} \tag{5.19}$$

一旦使用式(5.12)中的 FD-index 检测到故障,将使用式(5.11)

计算重建指数 Index($z_j(k)$, $i$)，并将其与 Index($\boldsymbol{x}(k)$, $i$)和后验概率 $p(z_j(k) \in \mathcal{M}_i)$一起插入式(5.18)，计算变量对故障的概率贡献，贡献最大的变量为风险变量。

# 5.3 示　　例

为了研究所提出的概率贡献分析的有效性并评估其性能，将其应用于 CSTH 基准。此处的模拟遵循第3.4节所示的故障检测步骤。已在样本150～200中成功检测到故障，结果如图3.3所示。

贡献分析的任务是给定电流测量值 $\boldsymbol{x}(k)$情况下，确定每个变量对故障检测指数 $p(\boldsymbol{x}(k) \in \boldsymbol{f})$的贡献。假设电厂在模式$\mathcal{M}_i$下运行，Index($\boldsymbol{x}(k)$, $i$)使用式(3.4)和$\mathcal{M}_i$的模型参数计算。Index($z_j(k)$, $i$) $j=1, 2, \cdots, m$ 是使用式(5.5)和式(5.6)计算的。将这些指数插入式(5.17)中，以计算 $\mathrm{PRBC}_{j,i}^{\mathrm{Index}}$，并进一步与式(5.19)中获得的模式概率相结合，形成式(5.18)中所示的 $\mathrm{PRBC}_{j,i}^{\mathrm{Index}}$。

根据第3.4节，故障场景$\boldsymbol{f}_2$的 $\mathrm{PRBC}_{j,i}^{\mathrm{Index}}$的计算值如图5.1所示，当 $k=150, \cdots, 250$ 时，每个变量 $x_j(k)$在系统中检测到故障。

为了使表示类似于经典贡献图，$\mathrm{PRBC}_{j,i}^{\mathrm{Index}}$平均值的条形图如图5.2所示。从图中可以看出。图5.1和图5.2蒸汽阀测量信号对故障检测指数的贡献最大，因此是温度信号偏差的最可能来源。事实上，来源或者$\boldsymbol{f}_2$是蒸汽阀中的执行器故障，这证实了模拟结果。

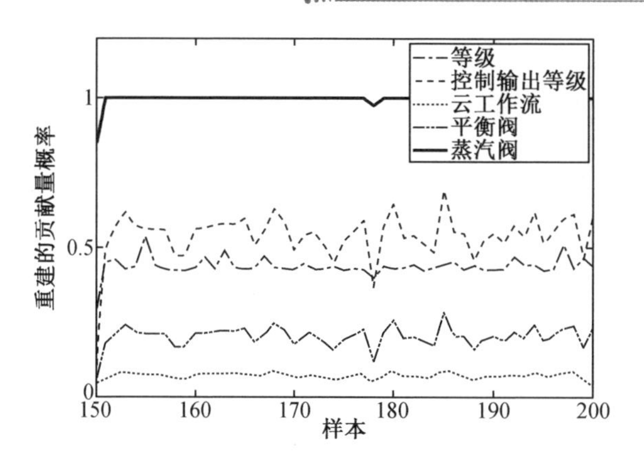


**图 5.1 测试连续搅拌槽加热器中故障场景 $f_2$ 的 PRBC 计算值**

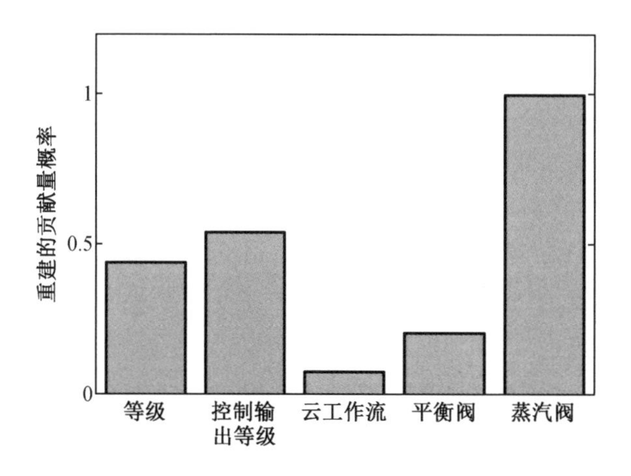


**图 5.2 在 CSTH 基准测试中故障场景 $f_2$ 的 PRBC 条形图**

## 5.4 结 束 语

本章为非线性多模系统的故障诊断和隔离提供了一种新的解决方案。这是通过研究基于重构的贡献分析并将这一概念扩展到多模式过程来实现的。为此,以不同的模式重构过程变量以形成局部贡献。将局部贡献与重构变量属于特定模式并被边缘化的假设相结合，形成每个变量的全局贡献。

虽然该方法的计算复杂度高于标准贡献分析，但由于在不同模式下计算贡献，与传统方法相比，其在多模过程应用中的有效性占主导地位。

# 第6章　故障处理的贝叶斯方法

故障诊断成功后，应恢复故障系统。技术系统由许多不同的互连组件组成，其中特定问题的症状可能有不同的原因。此外，部件故障可能会导致多种后果。因此，在复杂的工业系统中，检测报警的根本原因并应用正确的维护操作始终是至关重要的任务。因此，有必要建立一个决策支持系统，帮助工厂工程师通过故障排除过程发现警报的原因，并系统地搜索过程中问题的根本原因，使过程再次运行。

在这个框架中，自动控制的传统方法是采用容错系统来提高系统在出现故障时的可用性。这通常通过控制重构来实现，以提高系统的可靠性，称为容错控制（FTC）[9]。然而，它不能始终提供所需的性能，有时会导致更多的损失，并且不能针对每个故障实现容错系统。

为此，本章引入一种新的概率方法来设计决策支持系统。该方法的主要思想是将系统中所有可能故障的概率与每个可能的纠正操作的经济方面结合起来。这提供了一个根据成本及其对系统整体性能的影响排序的纠正操作列表[46]。

## 6.1 准备工作和问题制订

一个大型技术系统由数千个组件和数百个控制回路组成。当检测到系统故障或产品质量下降时,操作员必须通过分析过程测量值和故障检测监视器找到故障原因。隔离和处理故障所需的时间会导致生产意外中断,这是生产系统损失的主要原因。自动决策支持系统可以帮助操作员识别故障部件并减少计划外停机时间,从而减少损失。

在许多工业应用中,过程测量很好地记录在过程历史记录中,描述了过程遭受不同故障的时间间隔以及故障的根本原因。该信息可用于分析故障的影响,并且在将来发生相同故障的情况下,可用于制订纠正措施。为此,决策支持系统应能够从可用的历史数据中学习故障模型,并诊断系统中正在发生的故障。为此,本书提出了一种方法,该方法使用可用信息将该预测表述为某个故障发生的概率。利用过程历史数据,可以从故障和无故障测量中建立统计模型,并将其用于估计故障概率。结合纠正操作的经济限制及其对系统整体性能的影响,可以设计一个决策支持系统,帮助工艺工程师决定最合适的维护操作。

## 6.2 故障概率估计

考虑图 6.1 所示的以下示例,其中系统受到两种不同故障场景 $f_1$、$f_2$ 的影响。故障影响过程测量 $\boldsymbol{x}$。此外,它们还影响系统 $m_1$、$m_2$ 中的其他监测指标,这些指标是 FDD 系统的结果。

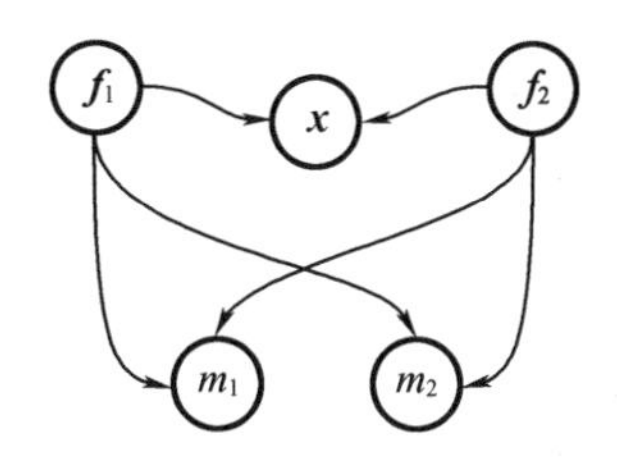


$f_1$、$f_2$—故障场景；$m_1$、$m_2$—系统。

**图 6.1 贝叶斯网络示例**

任务是使用贝叶斯方法综合监测指标和数据，以设计一个最优决策系统[52]。为此，按照文献[52]中提出的想法，使用 $\boldsymbol{x}$、$m_1$、$m_2$ 的在线值计算故障 $\boldsymbol{f}_1$、$\boldsymbol{f}_2$ 的概率。换言之，应考虑以下条件概率：

$$\begin{cases} p(\boldsymbol{f}_1 \mid \boldsymbol{x}(k), m_1(k), m_2(k)) \\ p(\boldsymbol{f}_2 \mid \boldsymbol{x}(k), m_1(k), m_2(k)) \end{cases} \tag{6.1}$$

该方案包括离线建模和在线实现两个步骤。在离线建模中，从可用的历史数据中获得不同故障集 $p(\boldsymbol{x} \mid \boldsymbol{f}_1, \boldsymbol{f}_2)$ 和 $p(m_1, m_2 \mid \boldsymbol{f}_1, \boldsymbol{f}_2)$ 的统计模型，以及相应的先验概率 $p(\boldsymbol{f}_1, \boldsymbol{f}_2)$。在在线实现中，式(6.1)中的概率是使用当前过程测量 $\boldsymbol{x}(k)$ 和监视器读数 $m_1(k)$、$m_2(k)$ 以及先验概率 $p(\boldsymbol{f}_1, \boldsymbol{f}_2)$ 计算的。故障的先验概率可根据历史数据或部件性能确定。考虑到每个事件的数据遵循高斯分布，离线训练步骤的可能结果示例如表 6.1 所示。

**表 6.1 连续搅拌槽加热器的条件概率表和分布**

| 故障 | | | 表现 | | | | | | 概率 |
|---|---|---|---|---|---|---|---|---|---|
| 温度传感器漂移 $\boldsymbol{f}_1$ | 蒸汽阀执行器故障 $\boldsymbol{f}_2$ | 故障概率 $p(\boldsymbol{f})$ | 模式 1 的故障概率 | | | 模式 2 的故障概率 | | | |
| | | | 损失 | 模式 | 蒸汽阀 | 损失 | 模式 | 蒸汽阀 | |
| 0 | 0 | 77 | 98.2 | 0.2 | 0.2 | 92.6 | 6.8 | 0.6 | |
| 0 | 1 | 12 | 2.3 | 6.3 | 6.3 | 6.6 | 12.1 | 81.3 | |
| 1 | 0 | 11 | 89.3 | 3.5 | 3.5 | 0.7 | 0.1 | 99.2 | |

假设每个事件的数据为高斯分布,离线训练数据可被视为不同分量的有限混合,其中每个分量遵循高斯分布,具有不同的平均值和/或协方差矩阵。有几种方法可用于学习此类混合模型,这些混合模型主要分为监督学习方法和非监督学习方法。前者中,每个事件的相关数据是已知的;而后者中,数据集是未分类的[36,124]。对于有监督学习,基于 MLE 的方法很流行;对于无监督学习,可以使用 EM 方法[82]。MLE 试图通过确定使以下对数似然函数最大化的参数来估计未知参数 $\Theta=\{m_i,\Sigma_i\}$,高斯分量 $i$ 的平均值和协方差:

$$\hat{\Theta}_{\mathrm{MLE}}=\arg\max_{\Theta}\{\log p(\boldsymbol{X}|\Theta)\} \tag{6.2}$$

在 EM 算法中,完整数据 $\mathcal{C}=\{\boldsymbol{X},\mathcal{Z}\}$ 的对数似然的条件期望在 E-step 中计算如下[81]:

$$\mathcal{Q}(\Theta|\Theta^{\mathrm{old}})=E\{\log p(\boldsymbol{X},\mathcal{Z}|\Theta)|\boldsymbol{X},\Theta^{\mathrm{old}}\} \tag{6.3}$$

根据下式

$$\hat{\Theta}_{\mathrm{EM}}=\arg\max_{\Theta}\mathcal{Q}(\Theta|\Theta^{\mathrm{old}}) \tag{6.4}$$

更新 M-step 中的参数估计。有关 EM 算法及其推导的更多信息,请参阅附录 A。估算值 $\hat{\Theta}_{\mathrm{MLE}}$或 $\hat{\Theta}_{\mathrm{EM}}$可用于计算表 6.1 中的 $p(\boldsymbol{x}|\boldsymbol{f}_1,\boldsymbol{f}_2)$。

该方案的主要优点是,它能够处理过程中的不确定性,并且能够处理特定故障具有不同症状并影响不同监测指标的情况[52,89]。贝叶斯方法结合专家知识的固有特性可以帮助决策系统使用关于系统中特定事件的操作员知识。此外,对于某些监测指标的读数不可用的情况,该方案仍然可以提供高置信度的正确结果,这在实践中具有重要意义[90]。

## 6.3 决策支持系统

为了考虑 FDD 中的不确定性以及矫正手术生成和决策中的预测,可以纠正操作方案的生成和决策方案的制订。特定故障发生的概率或系统整体性能下降,以及反映维护操作的损失最小化技术,构成了该决策支持方案的基础。当历史数据中也存在故障测量值时,可以从中提取故障模型,并在在线实施阶段使用,以计算某个故障发生的概率,该故障反映了组件或子系统级别的异常情况,如前所述。与每个故障相关的纠正操作列表包括从什么都不做到部件更换或维修、控制器调整,以及它们在改善系统性能方面的成本和收益。成本最小化技术一直是确定维护行动的传统方法[13,26,97]。这里的主要思想是将某个故障发生的概率和相应于该故障的纠正操作的损失结合起来,以在所有操作列表中找到最合适的纠正操作。

纠正操作造成的损失在此定义为[12]

$$\mathrm{Loss}(CA_j, f_i) = \mathrm{Cost}(CA_j) + \mathrm{Loss}(f_i) - \mathrm{Benefit}(CA_j, f_i) \tag{6.5}$$

式中,$CA_j$ 表示与故障 $i$、$f_i$ 相关的纠正操作 $j$。$0 \leqslant \mathrm{Benefit}(CA_j, f_i) \leqslant \mathrm{Loss}(f_i)$,式(6.5)可写为

$$\begin{aligned}\mathrm{Loss}(CA_j, f_i) &= \mathrm{Cost}(CA_j) + (1 - \alpha_{i,j})\mathrm{Loss}(f_i) \\ &= \mathrm{Cost}(CA_j) + \mathrm{Loss}(CA_j | f_i)\end{aligned} \tag{6.6}$$

式中,$0 \leqslant \alpha_{i,j} \leqslant 1$ 是 $CA_j$ 效益的标准化值,可解释为以下条件概率:

$$\alpha_{i,j} = p(\mathrm{Benefit}(CA_j, f_i) = \mathrm{high} | f_i, CA_j) \tag{6.7}$$

参数 $\alpha_{i,j}$将由专家确定。此外,可以从历史数据中获得 $\alpha_{i,j}$。值得指出的是,式(6.6)中的 $\mathrm{Cost}(CA_j)$ 表示不依赖于故障的 $CA_j$ 的固定成本,而 $\mathrm{Loss}(CA_j | f_i)$ 取决于故障和 $CA_j$。

为每个纠正操作定义了以下风险功能:

$$R(CA_j) = \mathrm{Cost}(CA_j) + \sum_{f_i} \mathrm{Loss}(CA_j | f_i) p(f_i) \tag{6.8}$$

对应于最小风险的 $CA_j$ 代表最正确的操作。

## 6.4 概率决策支持系统

确定正确维护操作的另一种方法是以概率形式定义优化，并使用最大后验概率（MAP）准则来找到具有最高后验概率的 $CA_j$。因此，最佳纠正操作可定义为对系统性能影响最大且损失最低的 $CA_j$。换句话说，最合适的纠正操作是与以下所述最高概率相关的操作：

$$\hat{CA}_{\mathrm{MAP}} = \arg\max_j \{ p(\mathrm{Benefit}(CA_j, f_i) = \mathrm{high}, \mathrm{Loss}(CA_j, f_i) = \mathrm{low} | CA_j) \} \tag{6.9}$$

式(6.9)中的概率可以写成

$$\begin{aligned} & p(\mathrm{Benefit}(CA_j, f_i) = \mathrm{high}, \mathrm{Loss}(CA_j, f_i) = \mathrm{low} | CA_j) \\ = & \sum_{f_i} p(\mathrm{Benefit}(CA_j, f_i) \\ = & \mathrm{high} | f_i, CA_j) \times p(\mathrm{Loss}(CA_j, f_i) \\ = & \mathrm{low} | f_i, CA_j) \times p(f_i) \end{aligned} \tag{6.10}$$

式(6.10)右侧的第一项是式(6.7)中引入的 $\alpha_{i,j}$，可通过专家知识或历史数据获得。概率 $p(\mathrm{Loss}(CA_j, f_i) = \mathrm{low} | f_i, CA_j)$ 可表示为 $1 - p(\mathrm{Loss}(CA_j, f_i) = \mathrm{high} | f_i, CA_j)$，式中

$$\mathrm{Loss}(CA_j, f_i) = \mathrm{high} | f_i, CA_j \sim \mathcal{U}(\mathrm{Cost}(CA_j), \mathrm{Cost}(CA_j) + \mathrm{Loss}(f_i)) \tag{6.11}$$

其值可通过将此均匀分布积分到当前 $\mathrm{Loss}(CA_j, f_i)$（见式(6.5)）来计算。为了计算式(6.10)中的概率，已使用以下事实，即所考虑的系统性能仅取决于故障和纠正操作，损失由故障、操作及其益处定义（见式(6.6)和式(6.7)）。

# 6.5 示　　例

在本节中，将在 CSTH 基准测试上演示决策支持系统的应用。在本研究中，基准测试引入了两种不同的故障。故障 $f_1$ 是温度传感器漂移，故障 $f_2$ 是蒸汽阀执行器故障（图 B.1）。故障 $f_1$ 影响槽内的温度，故障 $f_2$ 影响搅拌槽内的温度和液位。反应的非最佳条件，最终使得产品的质量受到影响。

在离线训练步骤中，收集有关过程无故障和故障操作的数据，并导出相应的统计模型。结果如表 6.1 所示。这些结果将进一步用于在线步骤，以计算每个单独故障的概率，并提出适当的维护操作。

根据过程知识，为每个故障定义了维护操作列表。表 6.2 显示了与每个故障相关的故障和维护操作造成的损失。此外，表 6.3 显示了每次维护操作的固定成本和参数 $\alpha_{ij}$，它们基本上是在故障 $i$ 情况下执行 $CA_j$ 的好处。假设到下一次工艺计划维护之前的生产价值为 10 000 台。

表 6.2　针对每个故障的维护操作和每个故障造成的损失

| 故障 | 损失 | 维护操作 |
|---|---|---|
| 频率 1 | 3 000 | 调节蒸汽阀 |
| | | 更换传感器 |
| | | 没有改变 |
| 频率 2 | 8 000 | 调节冷水阀和蒸汽阀 |
| | | 减少生产 |
| | | 更换阀门 |
| | | 没有改变 |

表 6.3 维护操作,它们的成本和收益

| 对象 | 维护行为 | 固定成本 | 参数 | |
|---|---|---|---|---|
| | | | 频率 1 | 频率 2 |
| 维护操作 $CA_1$ | 调节蒸汽阀 | 100 | 0.75 | 0 |
| 维护操作 $CA_2$ | 更换传感器 | 200 | 1 | 0 |
| 维护操作 $CA_3$ | 调节冷水阀和蒸汽阀 | 200 | 0 | 0.75 |
| 维护操作 $CA_4$ | 减少生产 | 300 | 0 | 0.8 |
| 维护操作 $CA_5$ | 更换阀门 | 1 000 | 0 | 1 |
| 维护操作 $CA_6$ | 没有改变 | 0 | 0 | 0 |

由于温度传感器中存在漂移故障,控制器改变蒸汽阀中的执行器信号,以补偿传感器的错误读数。因此,在这种情况下,传感器故障的一种可能解决方案是调整蒸汽阀的驱动信号,以补偿传感器的错误读数。另一种解决方案是更换成本较高的传感器,但它提供了完全修复故障对产品质量影响的可能性。或者,可以等到下一次计划的流程关闭后再更换传感器。

如果蒸汽阀出现故障,进入搅拌槽的热水流量将减少。因此,水位和水温将下降。通过增加冷水流量和蒸汽流量,可以确保反应的最佳条件,但它会导致更高的能耗。除了什么都不做或更换阀门之外,另一种解决方案可能是通过减少冷水流量来降低生产率,从而减少反应。

为了在 CSTH 基准上模拟这一概念,考虑了一个场景,即流程在开始时处于正常运行状态,然后系统中出现故障。三个不同事件的概率,即过程运行正常或 $p(\boldsymbol{x}\in\boldsymbol{N})$,受到故障 $\boldsymbol{f}_1$ 的影响或 $p(\boldsymbol{x}\in\boldsymbol{f}_1)$,以及受到故障 $\boldsymbol{f}_2$ 的影响或 $p(\boldsymbol{x}\in\boldsymbol{f}_2)$,对于这些情况,如图 6.2 所示。

利用这些概率,在表 6.1 的培训阶段获得先验知识,并在表 6.2 和表 6.3 中获得有关维护操作的信息,使用式(6.9)计算每个测量样本的合适维护操作($CA_1\sim CA_6$),并绘制在图 6.3 中。图 6.3 中的曲线图表明,考虑到工厂中每个事件的发生概率,就最低成本和对生产质量的最大影响而言,哪种维护操作是最合适的。

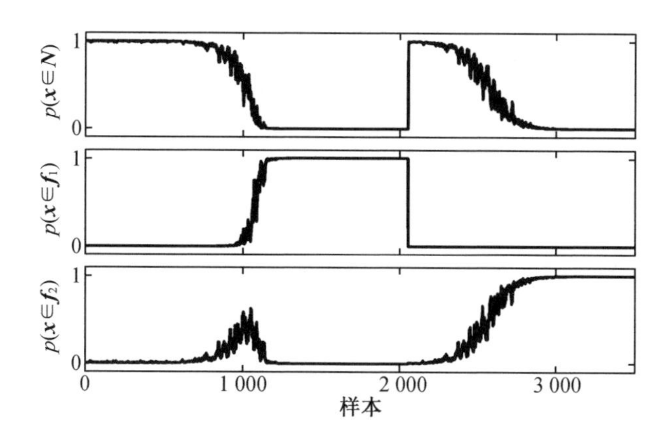


**图 6.2 故障概率**

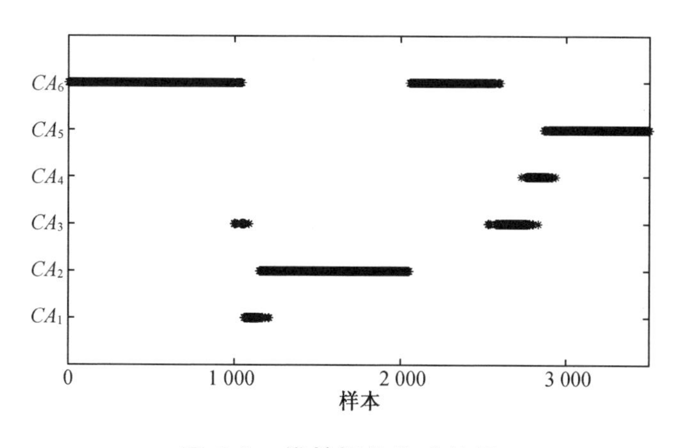


**图 6.3 维护操作生成结果**

为了更详细地表示决策支持系统的结果,图 6.4 和图 6.5 再次显示了这些结果,用于选定的间隔。从第一阶段可以看出,正常运行的概率很高,最好的维护行动是什么都不做。之后,当故障 $f_2$ 的概率增加时,决策系统建议执行维护操作 $CA_3$,该操作正在调整冷水阀和蒸汽阀,因为它可以以最低的成本提高产品质量。此外,当故障 $f_1$ 的概率增大时，最佳操作是 $CA_1$，当故障概率足够高且调整阀门会导致高风险时，停止过程并修理传感器将是最佳操作。

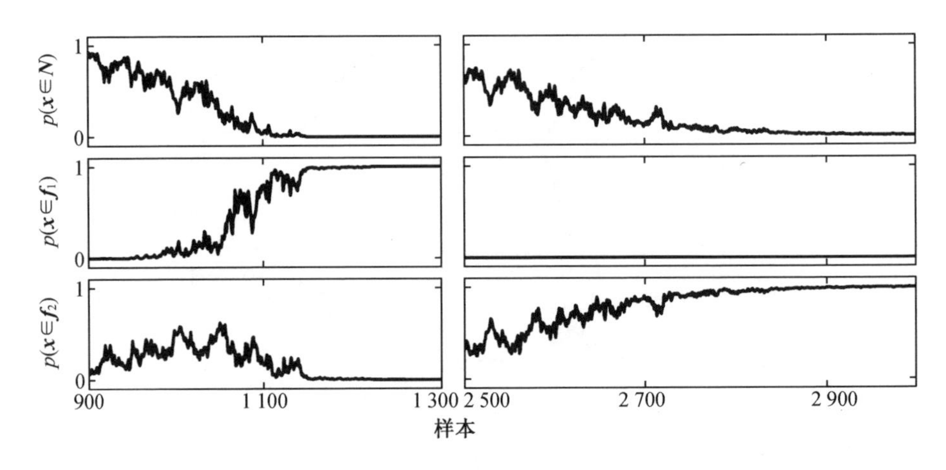


图 6.4　故障概率(放大)

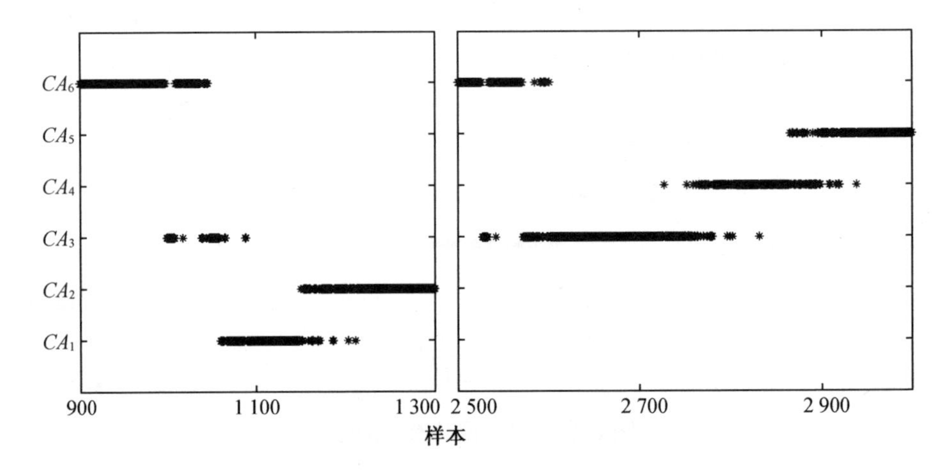


图 6.5　纠正行为生成的结果(放大)

对于第二阶段，流程从正常运行到故障 $f_2$，决策支持系统的建议是首先调整冷水阀和蒸汽阀，以保持与正常条件相似的液位和温度。当故障 $f_2$ 概率增加时，最好降低生产率，以获得高质量但低数量的产品。最后，当可能性接近 1 时，建议停止工厂并修理或更换阀门。

# 6.6 结 束 语

在本节中，提出了一种新的决策支持系统，该系统可以在故障发生时提供最佳的维护操作。最终决策基于故障对产品质量的影响及其财务后果的评估。故障影响分析是通过监测过程变量空间的子空间来获得的，该子空间与产品质量相关，并以概率形式进行描述。此外，该概率由一个风险函数组合而成，该函数描述了假设发生某个故障时执行维护操作的风险。对于那些对电厂性能影响较大且成本较低的操作，使用 MAP 标准选择最佳维护操作。

从实用角度来看，该方法考虑过程中某些事件的专家知识以及 FD 系统中的不确定性的能力非常重要。此外，在执行一定的纠正操作后，通过迭代学习性能行为，可以在实践中提高所提出的决策支持系统的性能。这意味着可以很容易地重新学习决策系统中的主要参数，例如故障模型（$p(\boldsymbol{x}|\boldsymbol{f})$）和执行纠正措施的好处（$\alpha_{ij}$），这与现有方法相比是一个优势。

# 第 7 章　应用和基准研究

本章主要演示本书中提出的技术在工业基准电厂上的应用，并讨论其性能和有效性。虽然在每章的末尾都给出了一个模拟示例，以展示这些方法的能力，但有趣的是，可以看到所提出的方法在实际工业过程中的应用。为此，本书开发的算法已应用于纸与纸板机连续搅拌槽加热器(CSTH)和干燥部分的实验室装置。在开始讨论这些方法在过程中的应用之前，将对每个过程进行简要描述。

该方法的主要思想是利用非线性多模过程的历史数据设计监测和诊断方案。因此，只有对过程进行充分的物理描述，才能显示设备的整体动态和非线性行为。然而，这些过程的详细模型可以在给定的参考文献中找到。

## 7.1　实验室 CSTH 设置

CSTH 装置广泛用于化学工业，以确保化学反应的最佳条件。在 CSTH 内，保持一定的温度和反应物水平，从而确定最佳反应的操作点。此处考虑的实验室规模的 CSTH 是由 G. U. N. T. Geraetebau GmbH Hamburg 1 制造的 RT 682 CSTH 演示装置，可在杜伊斯堡埃森大学自动控制和复杂系统研究所获得。它使用水作为反应物，结构如图 7.1 所示。该装置的主要部件是一个罐，其中混合一定量的预热反应物，进一步加热并保持在一定温度。该装置具有稳定的反应物通流,通过流入侧的手动阀进行控制。驱动阀控制流出,因此可用作液位控制的执行器。水箱内的温度通过周围充水加热套中的加热器升高,加热器的功率可以控制。通过加热夹套,稳定的热流通过槽壁进入反应物,将提高搅拌槽内的温度。流入的反应物通过换热器从流出的产物中预热,因此只低于所需油箱温度 5 ~ 10 ℃。

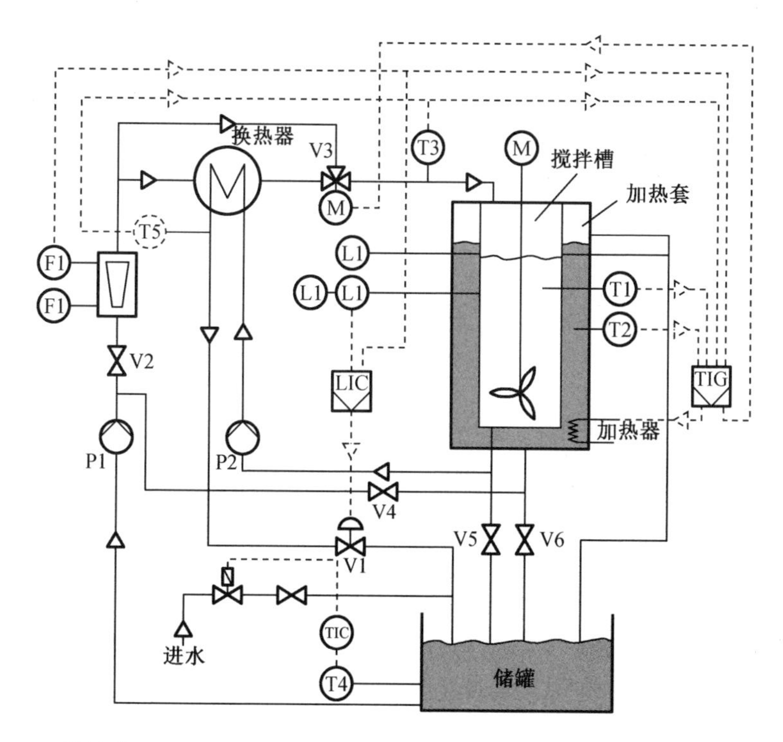


T1—搅拌罐内的水温;T2—加热层内的水温;T3—进水温度;T4—预留水温;L1—搅拌罐内的水位;F1—冷水流量;TIC—温度控制器;LIC—电平控制器;P—泵;V—阀门;M—马达。

**图 7.1 CSTH 装置管道和仪表图**

电厂的动力学由质量平衡和能量平衡方程描述:

$$h_{\text{tank}}(t_1) = \int_{t_0}^{t_1} \frac{1}{A \cdot \rho}(\dot{m}_{\text{in}}(t) - \dot{m}_{\text{out}}(t))\mathrm{d}t + h_{\text{tank}}(t_0) \qquad (7.1)$$

和

$$T_{\mathrm{tank}}(t_1)=\int_{t_0}^{t_1}\frac{1}{c_{\mathrm{p}}\cdot m(t)}(Q_{\mathrm{in}}(t)-Q_{\mathrm{out}}(t))\mathrm{d}t+h_{\mathrm{tank}}(t_0)\quad(7.2)$$

式中，$h_{\mathrm{tank}}$是水箱内的水位(m)；$\dot{m}_{\mathrm{in}}$和$\dot{m}_{\mathrm{out}}$是进水和出水的质量流率(kg/s)；$T_{\mathrm{tank}}$是水箱内的水温(K)；$Q_{\mathrm{in}}$和$Q_{\mathrm{out}}$是水箱内外的热流速率(W)；$A$是圆柱形水箱的横截面积($\mathrm{m}^2$)；$\rho$是水的密度($\mathrm{kg/m}^3$)；$c_{\mathrm{p}}$是水的比热容(J/(kg·K))；$m$是水箱中的水质量(kg)。

液位、温度以及进入水箱的水质量流量$\dot{m}_{\mathrm{in}}$可通过传感器直接测量。从油箱流出的质量流量$\dot{m}_{\mathrm{out}}$通过气动阀直接控制。水箱$m$中的水质量(定义了式(7.2)中水的焓和温度之间的关系)在一个工作点中应该是恒定的，因此其值可以放在积分之前。流入水箱$Q_{\mathrm{in}}$的热流是$P_{\mathrm{heater}}$的非线性函数，$P_{\mathrm{heater}}$是加热器的可控功率(W)，$h_{\mathrm{hj}}$加热套中的水位(m)和水箱中的水位。此外，预热的流入反应物和流出产物分别提供进出储罐的附加热流$Q_{\mathrm{infl}}$和$Q_{\mathrm{outfl}}$，这是质量流量和质量温度的函数。这些在一个工作点以及热流中被视为恒定的。为了描述由于非最佳隔热而导致的热损失，引入了$Q_{\mathrm{out}}$，该值包含所有热损失。考虑到所有这些，式(7.1)和式(7.2)成为

$$h_{\mathrm{tank}}(t_1)=\frac{1}{A\cdot\rho}\int_{t_0}^{t_1}(\dot{m}_{\mathrm{in}}(t)-\dot{m}_{\mathrm{out}}(t))\mathrm{d}t+h_{\mathrm{tank}}(t_0)$$

$$T_{\mathrm{tank}}(t_1)=\frac{1}{c_p\cdot m}\int_{t_0}^{t_1}(Q_{\mathrm{in}}(P_{\mathrm{heater}}(t),h_{\mathrm{hj}},h_{\mathrm{tank}}(t))-Q_{\mathrm{out}}(t)+Q_{\mathrm{infl}}(t)-Q_{\mathrm{outfl}}(t))\mathrm{d}t+T_{\mathrm{tank}}(t_0)\quad(7.3)$$

由此可以看出两个子系统在液位和温度方面的整体动态行为，以及系统模型的非线性和工作点相关性。

# 7.2 CSTH 试验台多模式故障诊断

本节研究第 3 章中提出的多模 FD 技术在静态系统中的应用。为了进行这项研究,为 CSTH 试验台选择了三个不同的操作点,如表 7.1 所示。对于每个工作点,使用 500 个样本,使用算法 2 训练模型。搅拌槽内反应物的液位 $L_1$ 被视为质量变量 $Y$,其余变量被视为输入变量 $X$。

**表 7.1 阀门定义操作点**

| 阀门 | 操作点 1 | 操作点 2 | 操作点 3 |
| --- | --- | --- | --- |
| L1 级别/cm | 10 | 12 | 18 |
| 加热层/cm | 20 | 20 | 20 |
| 温度 $T_1$ | 51 | 45 | 50 |
| 直通流量/$(\mathrm{L \cdot h^{-1}})$ | 105 | 105 | 105 |

出于验证目的,通过缩放在控制器输出后给予液位控制阀 $V_1$ 的信号,可导致故障操作。

在在线监测步骤中,测量过程变量 $X$,并实现算法 2 中所述的拟议方法进行监测。故障检测指数 $p(\boldsymbol{x}(k) \in \boldsymbol{f})$ 如图 7.3 所示,图中显示了故障和正常操作间隔。水平虚线表示 $\alpha=0$ 的置信水平为 97% 的阈值。可以看出,在置信水平内成功检测到故障。图 7.2 显示了 $\mathcal{M}_1$、$\mathcal{M}_2$ 和$\mathcal{M}_3$ 中正常和故障运行的所有可测量电厂变量的运行情况,每个变量由 100 个样本组成。

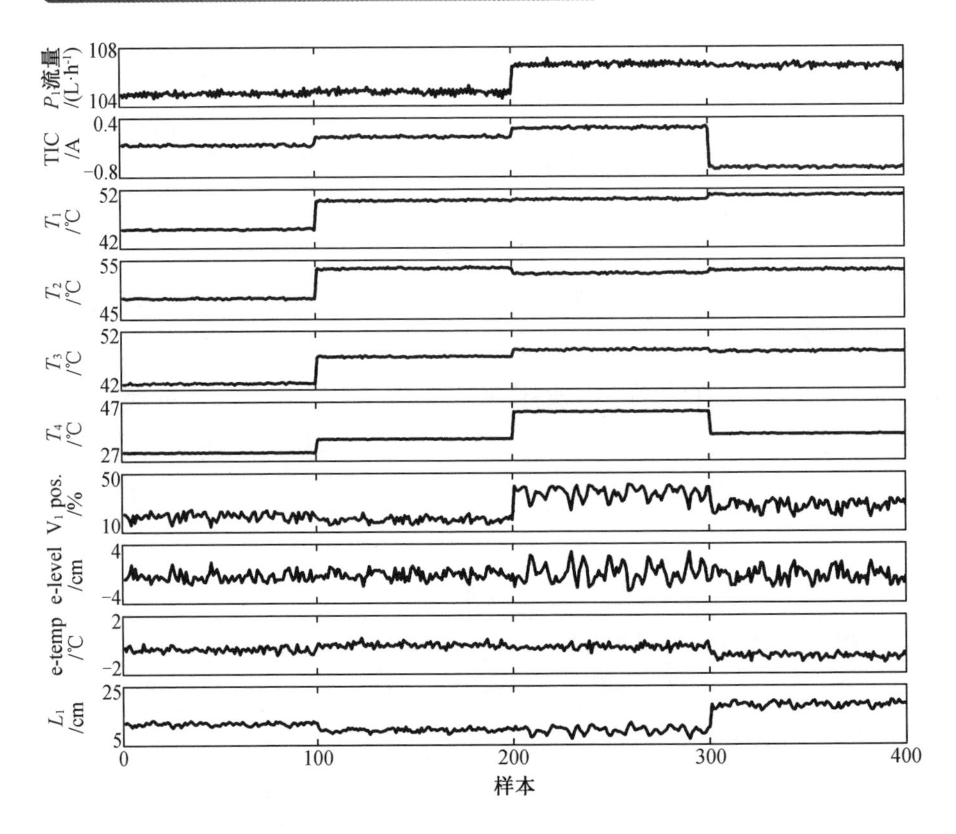


$P_1$—压力 1;TIC—温度控制器;$T_1$、$T_2$、$T_3$、$T_4$—温度;$V_1$ pos.—控制阀信号;

e-level—电子级别 ;e-temp—电子温度;$L_1$—液位。

**图 7.2　CSTH 设备的过程变量**

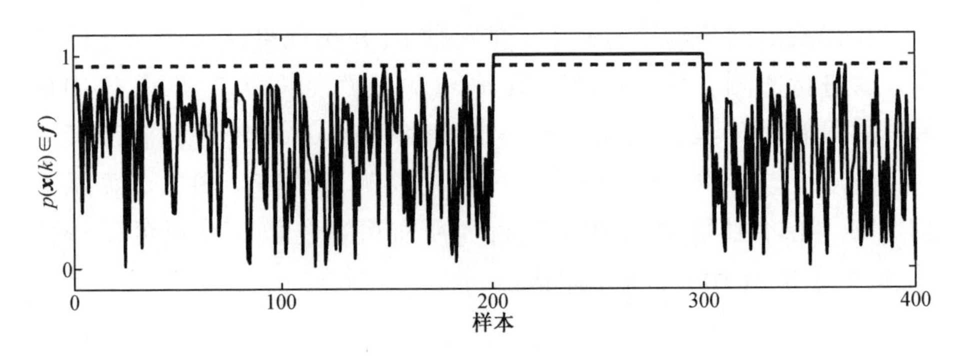


**图 7.3　使用提出的静态方法进行故障检测的结果**

为了识别系统中可能的故障源,在检测到故障后,应用第5章中开发的概率贡献分析方法,结果如图7.4所示。结果表明,与阀 $V_{1,s}$ 位置相关的测量信号对故障的贡献最大。此外,测得的温度 $T_4$ 信号(即储层中的液体温度)也是导致故障发生的原因。由此可以得出结论,故障源可能是热交换器、控制阀 $V_1$ 或泵,这已得到证实,因为在这种情况下,故障源是控制阀 $V_1$。

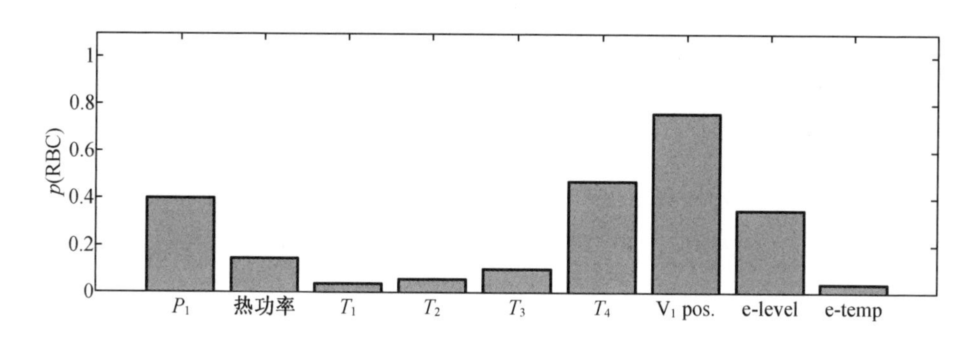


$P_1$—压力1;TIC—温度控制器;$T_1$、$T_2$、$T_3$、$T_4$—温度;

$V_1$ pos.—控制阀信号;e-level—电子级别;e-temp—电子温度。

**图7.4 基于概率重建的贡献图**

# 7.3 纸和纸板机

纸现在被广泛应用,从简单的印刷到一些先进的建筑材料。根据用途,它们有不同的等级和规格。特别重要的基本特性以及不同等级的特性如下所示[49]。

- 定量(grammage)($g/m^2$):考虑到纸的所有成分,如纤维、填料、水等,1 $m^2$ 纸的总质量。
- 体积($kg/m^3$):基本上是纸张的密度。它强烈影响纸张的机械性能，如弯曲度、刚度等。

- 形态($g/m^2$)：表示纸张中的基重变化和纸张中纤维的分布。
- 亮度(%)：表示纸张中的光吸收量，是用于打印应用的纸张的一个重要特性。

在德国，根据2006年的统计，纸和纸板的总产量为3 332万吨，营业额超过350亿欧元，约有1 700家企业活跃在这一领域[35]。

纸板机的任务是用纸浆和其他原料造纸。典型的纸板机主要由以下三部分组成[49]。

线材部分：在线材部分，纤维网由流浆箱进入的纸浆悬浮液形成。线材截面的主要目标是将悬浮液分配到整个机器宽度的腹板中，并将所需的稠度、厚度和速度传递给线材纸浆。进入金属丝段的纸浆悬浮液仅含有约1%的纤维。当纸幅穿过金属丝部分时，液体通过重力或吸力排出。钢丝截面末端的腹板干含量约为20%。

压力部分：压力部分的目的是通过在旋转钢辊之间压缩纤维网，尽可能降低纤维网中的含水量。它还可以提高卷筒纸的机械强度，防止生产线卷筒纸断裂。在压力部分，网的干含量将从20%增加到50%左右。

干燥部分：在干燥部分，网片的固体干含量通过蒸发增加到90%。热量从蒸汽加热的大型空心金属圆筒传递到纸幅上蒸发水分。为了改善纸张的某些物理性能，例如印刷适性，通常在干燥部分的纸张上喷涂额外的涂层材料。最后，在烘干机部分之后，将纸张卷成一卷并从机器上取出。

典型纸板机的示意图如图7.5所示。就能耗而言，纸板机的干燥部分是最重要的部分。纸板机消耗的大约三分之二的能量用于干燥部分，以降低纸幅中的水分含量[99]。此外，最终纸制品的主要物理性能，如弹性、扭曲度和刚度，都会受到含水量以及干燥部分操作性能的影响。从操作和经济角度来看，水分是造纸行业最重要的质量变量之一。在生产过程中，测量和控制纸幅的含水量，以保持均匀的水分分布。因此,一个有效的干燥段监测和诊断工具可以极大地改善工艺性能,降低生产成本。

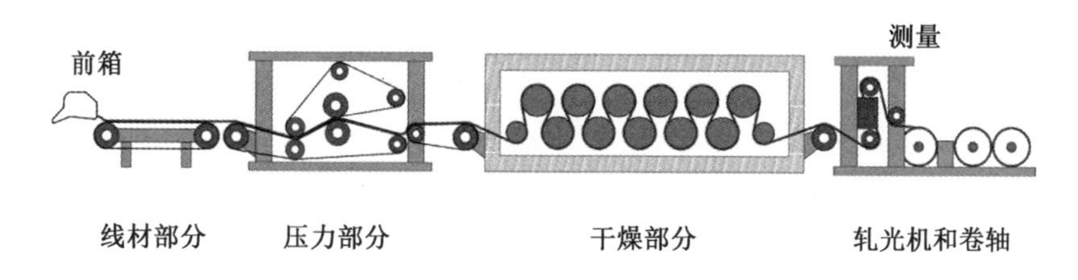


图 7.5 典型纸板机示意图

## 7.3.1 干燥部分

在进入干燥部分之前,大约 50% 的纸幅由水组成,干燥部分的主要任务是将含水量降低到 5% ~10% 。最常用的除去干燥部分纸张水分的方法是将充满蒸汽的汽缸中的热量传递到纸张表面。在汽缸内部,饱和蒸汽中的热能被转移到钢壳中,用于蒸发钢板中的水分。在失去热能后,蒸汽在汽缸中凝结。汽缸内的冷凝水将降低传热速率。此外,由于冷凝水的存在,旋转汽缸所需的机械能将增加。因此,它通过虹吸管输出。干燥部分典型汽缸的横截面如图 7.6 所示。干燥部分的汽缸分为不同的组,控制每组中的蒸汽压力,以便在整个干燥部分获得所需的压力曲线。此外,可通过改变蒸汽压力来控制纸张中的水分含量。在压延机部分之前,使用测量单元中的扫描仪测量水分(图 7.5)。典型的湿度控制回路如图 7.7[99] 所示。湿度控制回路通常具有级联结构,其中内部控制回路通过比例积分(PI)控制器控制机组的蒸汽压力,外部回路是一个模型预测控制器(MPC),通过为压力控制回路提供设定点来负责湿度控制。

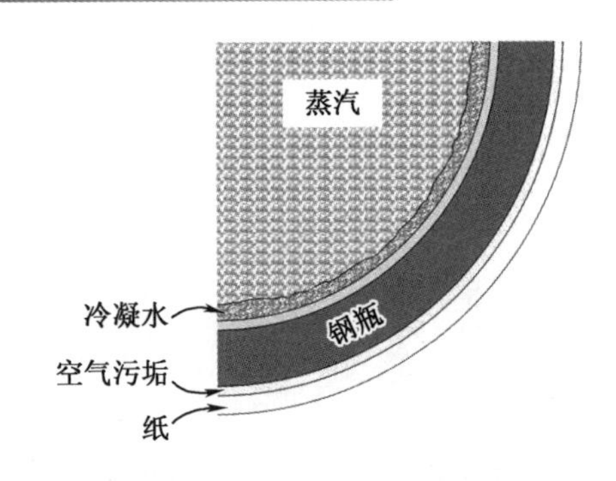


图 7.6　干燥部分典型汽缸的横截面图

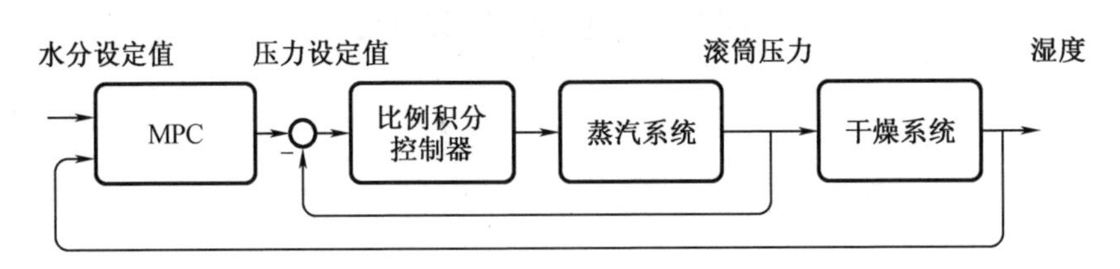


图 7.7　湿度控制回路图

## 7.3.2　充气汽缸型号

为了描述干燥部分的物理行为并研究其动力学和非线性特性，本节基于质量和能量平衡推导了蒸汽加热汽缸的模型。对于纸板机中烘干机部分的综合建模，读者可参考文献[7,69,99]及其相应参考文献。

从蒸汽到纸幅的热能流如图 7.8 所示。其中还描述了温度分布。由于材料的传热系数不同，缸内蒸汽温度恒定，温度分布随梯度的不同而逐渐降低。

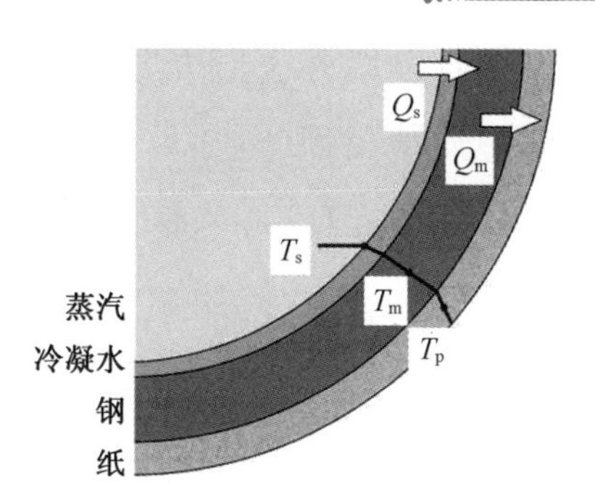


图 7.8 从蒸汽到纸幅的热能流

考虑到汽缸内蒸汽和水的质量平衡方程,结果表明

$$\begin{cases}\dfrac{\mathrm{d}(\rho_s V_s)}{\mathrm{d}t}=\dot{m}_s-\dot{m}_c\\[2ex]\dfrac{\mathrm{d}(\rho_w V_w)}{\mathrm{d}t}=\dot{m}_c-\dot{m}_w\end{cases}\tag{7.4}$$

式中,$\rho_s$ 和 $\rho_w$ 分别为蒸汽和水的密度(kg/m$^3$);$V_s$ 和 $V_w$ 分别为汽缸内蒸汽和水的体积(m$^3$);$\dot{m}_s$、$\dot{m}_c$ 和 $\dot{m}_w$ 分别为进入汽缸的蒸汽质量流率、冷凝率和流出汽缸的水质量流率(kg/s)。使用符号 $h_s$ 和 $h_w$ 代表蒸汽和水焓(J/kg);$u_s$ 和 $u_w$ 分别作为蒸汽和水的比内能(J/kg);$c_{pm}$ 代表汽缸的比热容(J/(kg · K))。则能量平衡方程可以写成

$$\begin{cases}\dfrac{\mathrm{d}(\rho_s V_s u_s)}{\mathrm{d}t}=\dot{m}_s h_s-\dot{m}_c h_s\\[2ex]\dfrac{\mathrm{d}(\rho_w V_w u_w)}{\mathrm{d}t}=\dot{m}_c h_s-\dot{m}_w h_w-Q_s\\[2ex]\dfrac{\mathrm{d}(m c_{pm} T_m)}{\mathrm{d}t}=Q_s-Q_m\end{cases}\tag{7.5}$$

式中,$m$ 是圆柱体的质量(kg);$Q_s$ 和 $Q_n$ 分别是从水传递到金属壳和从金属壳传递到纸幅的热功率(W),可描述如下:

$$\begin{cases}Q_s=\kappa_s a_c(T_s-T_m)\\Q_m=\kappa_m a_c(T_m-T_p)\end{cases}\tag{7.6}$$

式中,$\kappa_s$ 和 $\kappa_m$ 是从蒸汽到金属外壳以及从金属外壳到纸幅的传热系数(W/(m$^2$ · K));$a_c$ 是圆筒面积(m$^2$)。

考虑到纸张干燥过程的动力学,文献[99]表明,纸幅中的质量和能量平衡可以描述为

$$\begin{cases}\dfrac{\mathrm{d}(uga_{xy})}{\mathrm{d}t}=d_y v_x g u_{\mathrm{in}}-a_{xy}\dot{m}_{\mathrm{evap}}-d_y v_x g u \\ \dfrac{\mathrm{d}(g(u+1)a_{xy}c_{\mathrm{pp}}T_{\mathrm{p}})}{\mathrm{d}t}=Q_m+d_y v_x g(1+u_{\mathrm{in}})c_{\mathrm{pp}}T_{\mathrm{p,in}}- \\ \qquad a_{xy}\dot{m}_{\mathrm{evap}}\Delta H-d_y v_x g(1+u)c_{\mathrm{pp}}T_{\mathrm{p}}\end{cases} \tag{7.7}$$

式中,$g$ 是干基质量(kg/m$^2$);$u$ 是水分比(kg(水)/kg(纤维));$a_{xy}$ 是与纸幅接触的圆筒面积(m$^2$);$c_{\mathrm{pp}}$ 是纸幅的比热容(J/(kg · K));$d_y$ 是纸幅宽度(m);$v_x$ 是纸幅速度(m/s);$\dot{m}_{\mathrm{evap}}$ 是蒸发率(kg/(m$^2$s));$\Delta H$ 是从纸张表面蒸发水分所需的能量(J/kg)。

汽缸的第一原理模型如式(7.4)至式(7.6)所示,式(7.7)中的水分蒸发是动态非线性模型。尽管假设某些条件[99],模型可以用一组线性微分方程来描述,但线性化模型在特定工作点周围有效,并且模型参数可能会从一个工作点变化到另一个工作点。

纸板机的干燥部分由几个不同的部件组成,例如泵、阀门和液压装置。这些部件会发生不同类型的故障。这些故障严重影响产品质量和工艺可用性。干燥部分不可避免地会因滚筒脱离而导致卷筒破裂,并导致意外停机。管道泄漏是水分偏差的主要来源,并导致干燥部分的能量浪费。阀门黏滞、漏油、泵和驱动器过热是干燥部分的其他常见故障类型[57]。许多检测和分析纸板机故障的方法已经开发并出版,其中大多数用于检测机器中某个部件的故障。有关这些方法的更多详细信息,请参见文献[3,8,18,19,33,53,54,71,100,104]。

在本章的剩余部分,使用从所述纸板机获得的过程测量来演示前面章节中开发的方法。

# 7.4 静态 FD 法在干燥部分的应用

本节主要演示第 3 章中提出的方法在纸板机干燥部分的应用,以检测影响产品质量的故障。在这个演示示例中,水分测量被视为产品质量测量,因为它主要以干燥部分的性能为特征。虽然干燥部分存在不同的故障,但并非所有故障都会影响产品质量。例如,图 7.9 给出了水分与主压力的散点图。由 $N_1$ 和 $N_2$ 表示的数据点表示对应于两种不同模式的正常工作数据。由 $\boldsymbol{f}_1$ 和 $\boldsymbol{f}_2$ 表示的区域代表两种不同的故障场景。可以看出,在 $\boldsymbol{f}_1$ 的情况下,水分不受影响,并保持在可接受的范围内。然而,故障 $\boldsymbol{f}_2$ 对水分有很大影响,因此会导致生产损失。在这种情况下,及早发现产品质量中的任何偏差非常重要,可以弥补故障的经济后果。对于在不同运行模式下工作的过程,故障检测算法应能够区分正常运行模式和故障模式,同时能够评估其对质量变量的影响。

在本案例研究中,考虑了与干燥部分相对应的过程变量。为了降低问题的复杂性,使用变量选择方法,例如交叉验证测试[121]或结构建模方法[4],将数据维度降低为影响水分的过程变量。因此,选择了 10 个过程变量来进行本研究。选择的变量是不同汽缸中的蒸汽压力测量值、生产率、纸幅的定量和机器速度。

算法 2 中描述的多模 FD 技术进一步用于设计故障检测方案。为了便于培训,收集了三个不同纸张等级的数据。这些纸张等级具有不同的基重、厚度和水分规格。对数据进行预处理,即排除训练数据中呈现的瞬态行为,因为该方法最适合平稳过程。此外,在等式中提出了 EM 算法。式(3.22)至式(3.29)用于获得混合模型的参数,即 $\boldsymbol{M}_i,\boldsymbol{\mu}_{x,i},\boldsymbol{\mu}_{y,i},\boldsymbol{\Sigma}_{xx,i},\boldsymbol{\Sigma}_{yy,i}=1,2,3$。这些参数用于在接下来的步骤中设计监测方案。

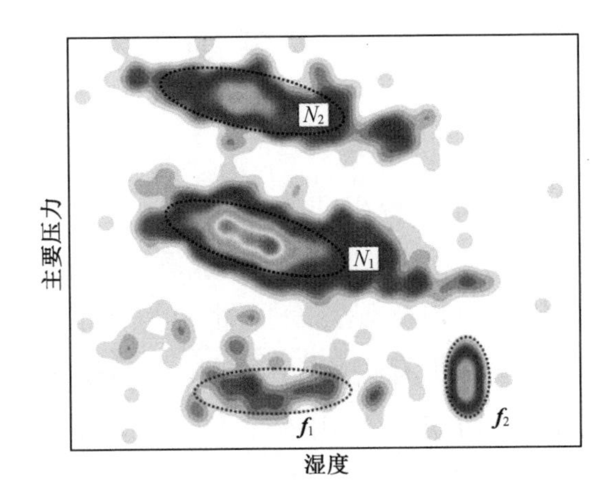


$N_1$—模式 1 的正常工作数据;$N_2$—模式 2 的正常工作数据;

$\boldsymbol{f}_1$—模式 1 的故障场景;$\boldsymbol{f}_2$—模式 2 的故障场景。

**图 7.9 湿度与压力的散点图**

为了模拟在线监测步骤,再次从另一段时间收集与这三种不同纸张等级对应的数据。此外,还考虑了导致生产线意外停机的故障事件。图 7.10 绘制了用于监测步骤的测量值。开始时,该过程以其正常操作模式运行。在样本 2 635 中,发生了一个故障,随后在样本 2 741 处发生了工厂停机。如算法 2 所述,在在线步骤中,当新样本的测量 $\boldsymbol{x}(k)$ 可用时,样本属于模式的概率的计算公式为 $p(\boldsymbol{x}(k) \in \mathcal{M}_i)$,$i=1,2,3$。使用式(3.32)中的贝叶斯推理策略计算这些概率,并绘制在图 7.11 中。此外,假设样本在模式$\mathcal{M}_i$ 下生成,样本出现故障的概率 $p(\boldsymbol{x}(k) \in \boldsymbol{f} | \boldsymbol{x}(k) \in \mathcal{M}_i)$ 由式(3.33)获得,并在图 7.12 中绘制不同模式或纸张等级。

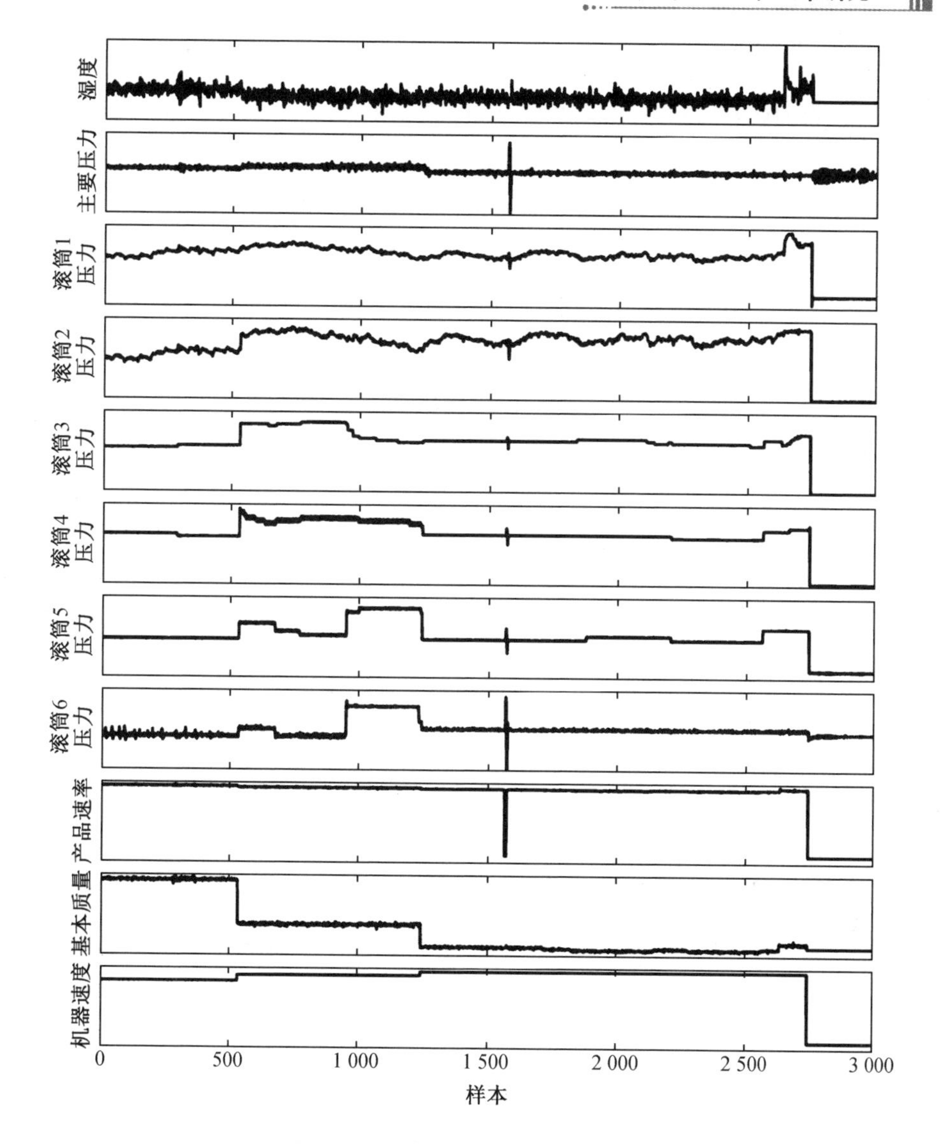


**图 7.10 案例研究的在线测量**

最后,式(3.31)中的全局故障检测指数通过将上述两种概率结合在一起计算得出,该指数证明了系统中发生质量相关故障的概率,如图 7.13 所示。虚线表示 95% 的置信水平。如图所示,在样本 2 636 处成功检测到样本检测延迟故障。在这种情况下,虚警率和漏检率分别为 0.61% 和 1.87%。为了比较多模式过程的推荐方法和标准方法,使用第 3.2 节所述的改进 PLS 方法[128]进行模拟。使用相同的训练数据并考虑在线模拟的相同事件,检测质量相关故障的计算 $T_{\hat{x}}^2$ 指数的对数,如图 7.14 所示。误报率和漏检率分别为 3.26% 和 93.46%。从结果可以看出,使用多模式方法,故障检测方案的性能得到了显著改善。可以得出结论,使用标准多变量技术无法检测到故障,特别是考虑到漏检率。

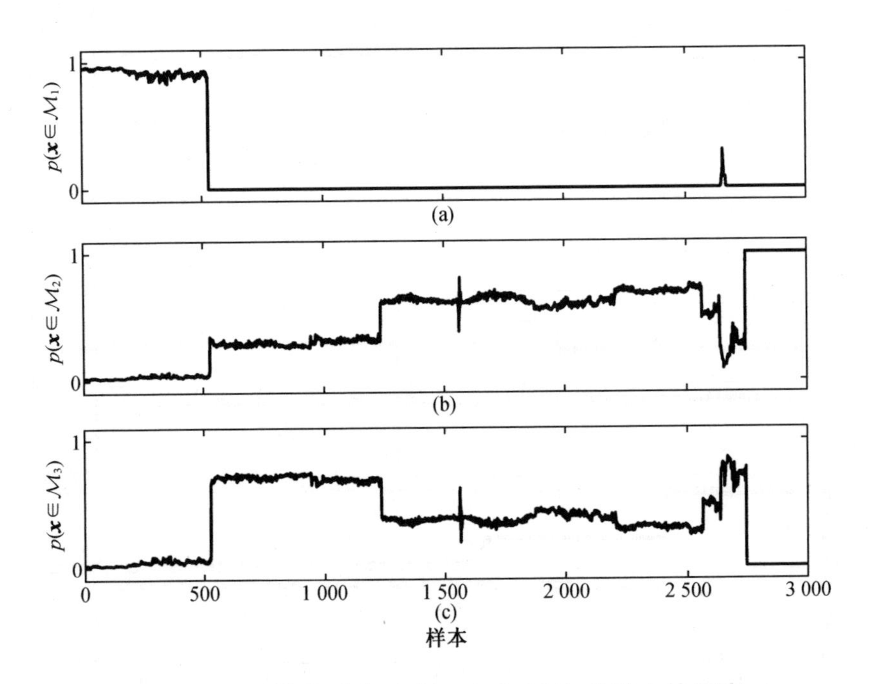


**图 7.11　以模式 $\mathcal{M}_k$ 中($k=1,2,3$)生成样本的概率**

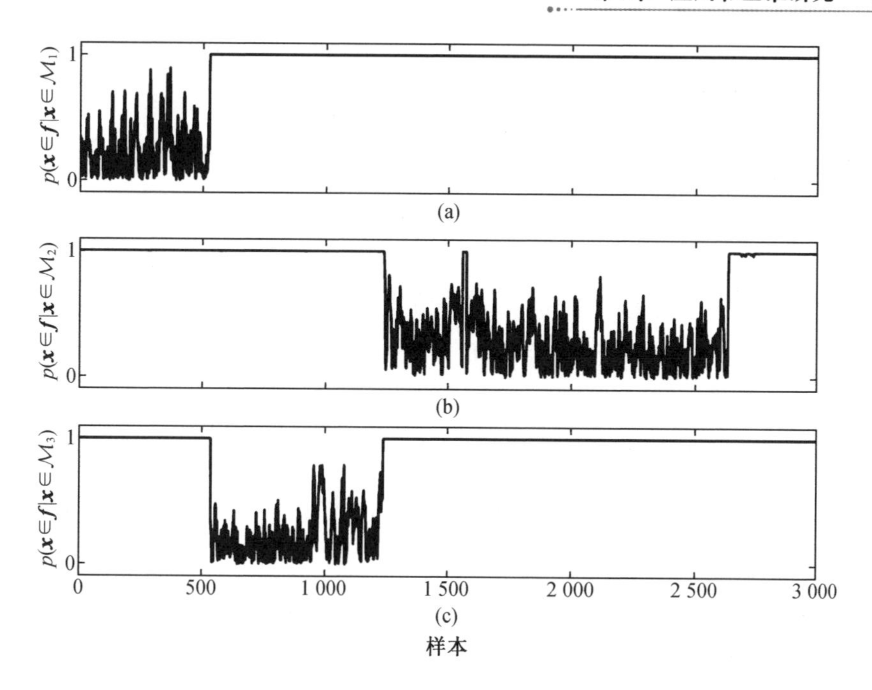


**图 7.12　假设样本是在模式 $\mathcal{M}_k$ ($k$ =1,2,3) 中生成的样本错误的概率**

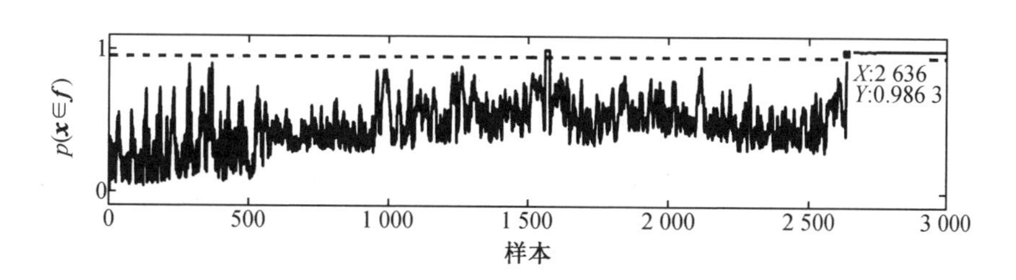


**图 7.13　样本错误的概率**

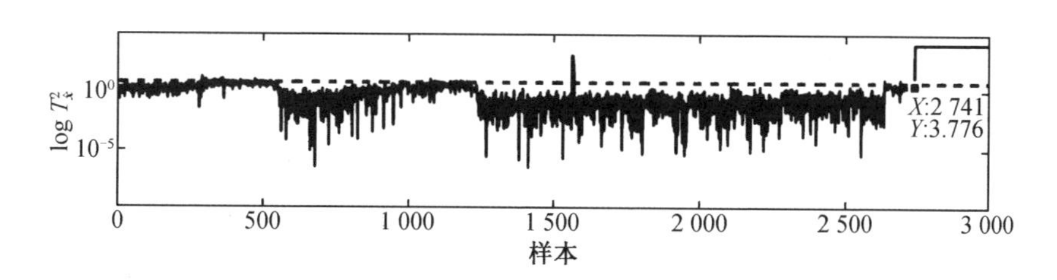


**图 7.14　使用 MPLS 方法的用于故障检测结果**

## 7.5 动态有限差分法在干燥部分的应用

由于假设数据是不同高斯分量的混合物,第3 章中开发的多模式方法的应用仅限于静态过程。为了解决这个问题,在第4 章中提出了一种新算法来解决多模动态系统中的 FD 问题。第 7.3.2 节表明,干燥部分的行为可以用非线性质量和热平衡方程表示,动力学如式(7.5)和式(7.7)所示。因此,干燥部分的整体行为可以描述为一个动态非线性系统。

在本节中,考虑到纸板机的动态特性,演示了推荐的多模故障检测方法在纸板机干燥部分的应用。与第7.4 节相同,水分被视为产品质量变量。同一组测量值用作描述水分及其变化的过程变量。

在本案例研究中,考虑了一个场景,其中流程在两种不同模式下运行,并产生两种不同的纸张等级。使用可用的历史数据,根据式(4.16)至式(4.21)中所示的步骤进行离线训练,设计式(4.22)中的观测器。

为了进行在线监测,收集了与这两种纸张等级对应的数据,然后是故障和意外停机。数据图如图 7.15 所示,可以看出故障对质量变量(即水分)的影响。在该模拟步骤中,当测量 $\boldsymbol{d}(k)$ 的新样本可用时,样本在不同模式下生成的概率 $p(\boldsymbol{d}(k) \in \mathcal{M}_i)$ 使用式(4.24)计算,如图 7.16 所示。使用离线训练步骤中识别的观测器和观察到的信号 $\boldsymbol{d}(k)$,建立式(4.25)中的测试信号 $J_i(k)$,并在此基础上通过式(4.28)计算这两种不同模式的概率 $p(\boldsymbol{d}(k) \in \boldsymbol{f} | \boldsymbol{d}(k) \in \mathcal{M}_i)$。这些概率如图 7.17 所示。

最后,通过结合样本在其属于模式$\mathcal{M}_i$ 的假设下发生故障的概率和在此模式下生成的假设,使用式(4.27)计算全局故障检测指数。

图 7.18 所示的结果表示成功检测到故障。

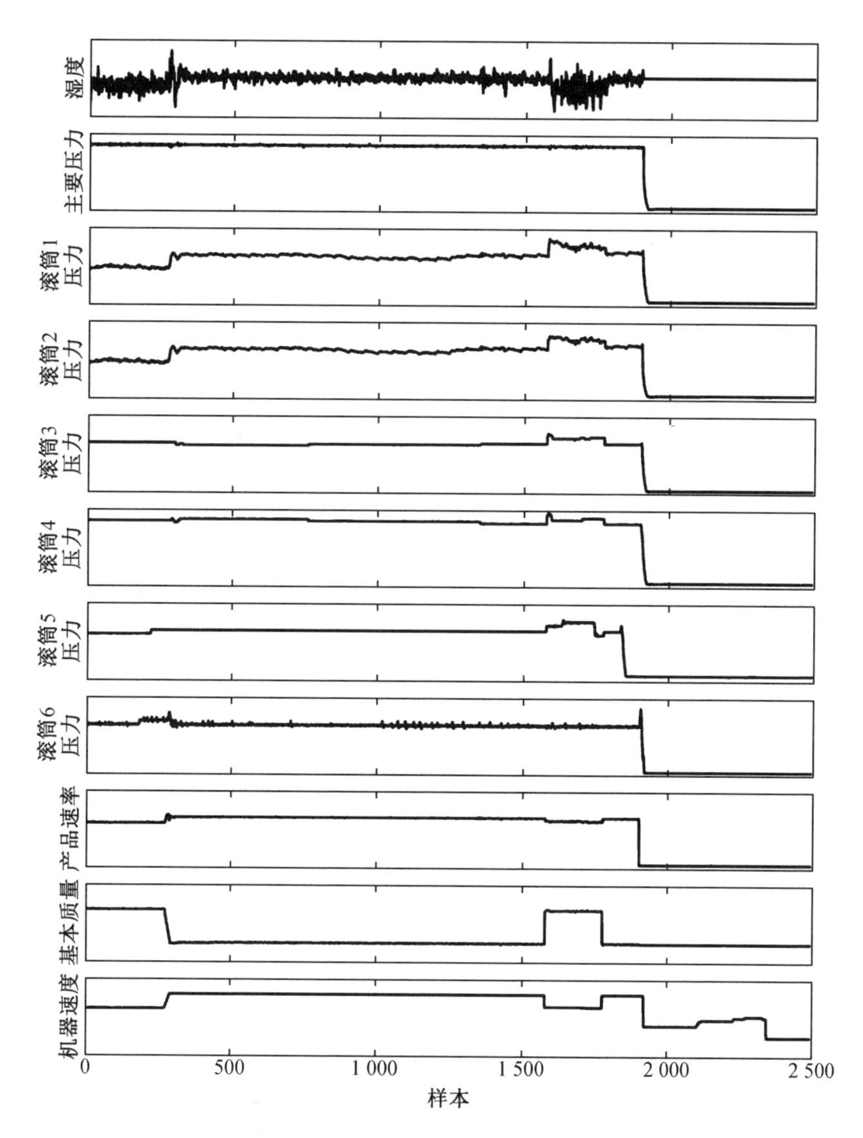


图 7.15 动态案例研究的测量

为了将该算法的性能与第 3 章中开发的静态多模故障检测算法进行比较,相同场景下静态方法获得的结果如图 7.19 所示。动态方法的优越性能，特别是在工作点发生变化的瞬间，可以通过比较图7.18和图7.19得出。通过在混合建模步骤中加入动态模型，可以减少误报。虽然动态FD方法的计算复杂度高于静态方法的，但其性能和精度使其非常适合于动态系统的监测。

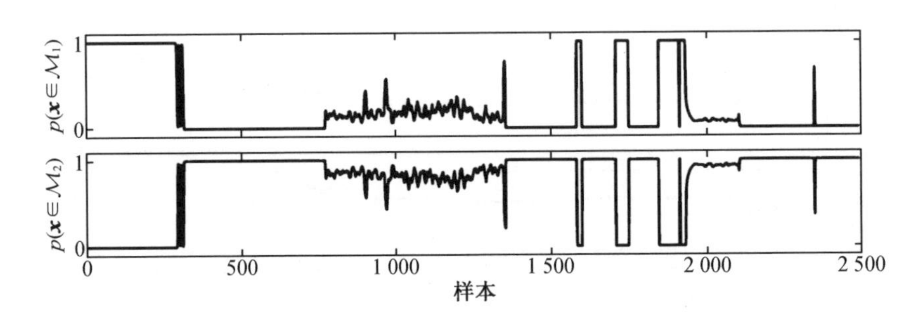


图7.16 每一个模式动态案例研究的概率

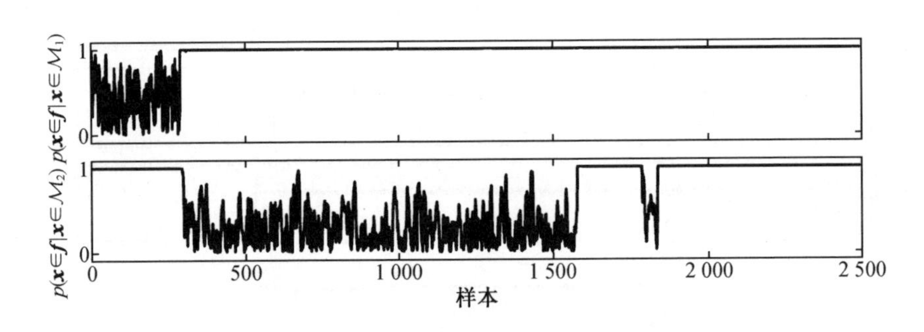


图7.17 给定动态案例研究模式的故障概率

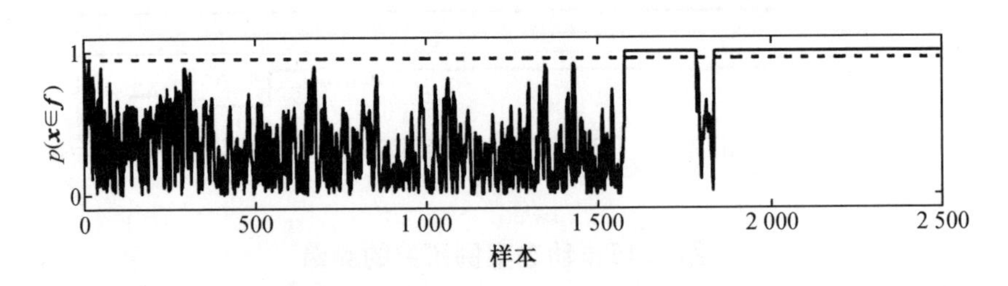


图7.18 动态案例研究的故障概率

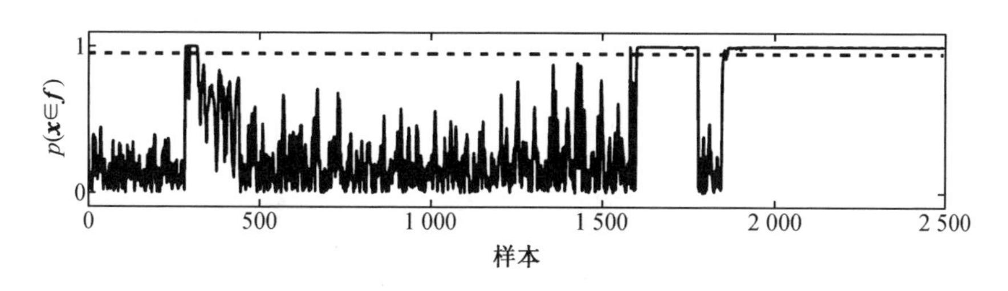


图 7.19 使用动态案例研究测量的静态 FD 技术结果

## 7.6 结 束 语

本章通过在工业工厂中的应用来证明本书开发方法的性能和有效性。为此,考虑了实验室规模的 CSTH 工厂和大型工业工厂,即纸板机。

在本章的第一部分,描述了 CSTH 试验台,并介绍了其非线性行为和设定点相关性。此外,第 3 章中开发的多模 FD 技术用于检测阀门中的故障。第 5 章中提出的概率方法进一步用于识别电站中可能的故障源。

本章的第二部分致力于多模式故障检测技术在纸板机干燥部分的应用。干燥部分是一个大型过程的现实例子,该过程由数百个测量和控制回路组成。为此,首先简要介绍了一种典型的纸板机。考虑到系统的静态和动态行为,第 3 章和第 4 章中提出的多模式 FD 技术进一步应用于从纸板机获得的数据。还将新方法的效率与标准方法进行了比较,标准方法显示了所提出方法对多模式过程的优越性能。

# 第8章　总　　结

本书旨在为开发用于复杂工业过程中故障检测、诊断和处理的新的数据驱动技术做出贡献。第1章阐述了故障诊断系统的基本思想,给出了故障诊断系统的历史沿革和近年来的主要发展。本章已经确定,现代工业过程的复杂性限制了基于模型的故障诊断方法在大规模过程中的应用。本章还介绍了一种充分利用过程历史数据设计故障诊断系统的替代方法。此外,本章还讨论了用于设计FD系统的经典数据驱动方法的缺点,这些缺点限制了其在LTI系统中的应用。本书的编写目的是解决上述障碍,并提出解决这些情况的替代方法。本章总结了本书的主要结果和结论。

首先,第2章概述了不同的基于模型的FDD技术。其中阐述了基于观测器的残差生成、基于奇偶空间的残差生成及其相互联系和关系。这些技术基于通过严格的方法(例如通过第一原理)推导所考虑过程的数学模型。另一种方法,即数据驱动技术,使用过程历史数据来提取诊断信息,将在本章剩余部分中介绍。本书阐述了最流行的数据驱动技术,如多元统计过程监测技术和基于子空间的故障诊断系统设计。

可用的数据驱动技术基于以下假设:所考虑的过程是线性系统或围绕单个工作点线性化。然而,在现实中,这可能是无效的,因为过程是非线性的,并且由于不同的产品规格和限制,在不同的操作点上工作。故障检测系统需要对过程中的此类变化具有鲁棒性。第3章和第4章讨论了这些问题,并提出了在非线性多模式静态和动态过程中设计FD系统的新技术。这些技术基于在离线建模步骤中使用

EM 算法从过程数据中有效识别混合模型,并在在线监测步骤中使用贝叶斯推理技术进行故障检测。

在成功检测到系统中的故障后,接下来的步骤是识别故障的可能来源,并执行适当的纠正性维护操作。为此,在第 5 章中,提出了一种新的方法来解决多模式过程中的故障隔离问题。该方法将故障对过程变量的影响信息和过程的当前操作模式结合起来,根据故障影响对过程变量进行排序。该方法的结果可作为过程工程师识别系统故障根源的指南。此外,在第 6 章中,提出了一种新的决策支持系统,该系统集成了有关系统中可能故障的信息及其经济评估,以提供正确的纠正性维护操作列表。贝叶斯技术用于根据系统中不同故障的概率获取该信息。该概率进一步与成本效益分析相结合,以找到最佳维护操作。

第 7 章致力于研究所提出的数据驱动技术在工业应用中的性能。本研究考虑了实验室规模的 CSTH 装置和纸板机的干燥部分。将所提出的方法应用于上述示例,并在本章中描述了其应用的不同方面。比较了不同技术的结果,并讨论了它们的性能和有效性。

虽然本书的结果为解决一些障碍提供了解决方案,但仍有一些问题需要解决。本书将非线性系统假设为 PWA 系统。然而,许多工业应用遵循某种非线性行为,例如 Hammerstein[116] 或 Wiener[118] 系统。将所提出的方法推广到这类非线性系统是一个需要更多关注的问题。使用其他有效的混合建模工具降低方法的数值复杂性是未来工作中可以解决的另一个有趣的问题。

# 附　　录

## 附录 A　最大期望算法

期望最大化(EM)是一种迭代算法,用于在可用数据不完整的情况下进行最大似然估计。文献[27]首次提出了EM算法,并介绍了其性质和应用。EM算法的每次迭代包括两个步骤:期望或E-step,最大化或M-step。其中数据对数似然的条件期望在E-step中计算,参数估计更新在M-step中执行。本附录简要概述了EM算法及其推导和扩展。

### A.1　EM 算法的推导

EM算法的基本思想是在给定不完整数据集的情况下求解完整的数据极大似然估计问题。因此,有必要从简单讨论MLE开始。

#### A.1.1　最大似然估计

最大似然估计方法试图估计未知参数 $\Theta$,以使观察到的测量值 $\mathcal{D}=\{d_1,d_2,\cdots,d_N\}$ 变得可能。换句话说,未知参数估计为

$$\hat{\Theta}_{\mathrm{MLE}}=\arg\max_{\Theta}\{p(\mathcal{D};\Theta)\} \tag{A.1}$$

由于对数是严格递增函数,用以下形式表示极大似然估计问题

通常很方便

$$\hat{\Theta}_{\text{MLE}} = \arg\max_{\Theta}\{\log p(\mathcal{D};\Theta)\} \tag{A.2}$$

由观测数据$\mathcal{D}$形成的 $\Theta$ 的对数似然函数定义如下:

$$L(\mathcal{D};\Theta) = \log p(\mathcal{D};\Theta) \tag{A.3}$$

$\Theta$ 的估计 $\hat{\Theta}$ 通过最大似然估计的解获得,为

$$\frac{\partial L(\mathcal{D};\Theta)}{\partial \Theta} = 0 \tag{A.4}$$

式(A.2)中的解可以通过解析或使用标准方法(如牛顿型方法)获得。

### A.1.2 期望最大化

如前所述,EM 算法用于在给定观测值不完整的情况下求解最大似然估计。EM 的基本思想是考虑完整数据集$\mathcal{C} = \{\mathcal{D},\mathcal{Z}\}$的联合对数似然函数,其中$\mathcal{D}$表示给定的不完整观测值,$\mathcal{Z}$表示隐藏或潜在变量。

$$L(\mathcal{Z},\mathcal{D};\Theta) = \log p(\mathcal{Z},\mathcal{D};\Theta) \tag{A.5}$$

遵循条件概率的定义

$$p(\mathcal{Z}\mid\mathcal{D};\Theta) = \frac{p(\mathcal{Z},\mathcal{D};\Theta)}{p(\mathcal{D};\Theta)} \tag{A.6}$$

事实证明

$$\log p(\mathcal{D};\Theta) = \log p(\mathcal{Z},\mathcal{D};\Theta) - \log p(\mathcal{Z}\mid\mathcal{D};\Theta) \tag{A.7}$$

将式(A.7)关于 $p(\mathcal{Z}\mid\mathcal{D};\Theta_k)$ 的两侧相乘和求和,其中 $\Theta_k$ 是第 $k^{\text{th}}$次迭代中 $\Theta$ 的估计值,从而得到

$$\begin{aligned}\log p(\mathcal{D};\Theta) &= \sum_{\mathcal{Z}} \log p(\mathcal{Z},\mathcal{D};\Theta)p(\mathcal{Z}\mid\mathcal{D};\Theta_k) - \\ &\quad \sum_{\mathcal{Z}} \log p(\mathcal{Z}\mid\mathcal{D};\Theta)p(\mathcal{Z}\mid\mathcal{D};\Theta_k) \\ &= E\{\log p(\mathcal{Z},\mathcal{D};\Theta)\mid\mathcal{D};\Theta_k\} - \\ &\quad E\{\log p(\mathcal{Z}\mid\mathcal{D};\Theta)\mid\mathcal{D};\Theta_k\} \\ &= \mathcal{Q}(\Theta;\Theta_k) - \mathcal{V}(\Theta;\Theta_k)\end{aligned} \tag{A.8}$$

这是因为

$$\sum_{\mathcal{Z}} \log p(\mathcal{D};\Theta)p(\mathcal{Z}|\mathcal{D};\Theta_k) = \log p(\mathcal{D};\Theta) \tag{A.9}$$

根据式(A.8),可以得到

$$\begin{aligned} &\log p(\mathcal{D};\Theta_{k+1}) - \log p(\mathcal{D}|\mathcal{D};\Theta_k) \\ &= (\mathcal{Q}(\Theta_{k+1};\Theta_k) - \mathcal{Q}(\Theta_k;\Theta_k)) - (\mathcal{V}(\Theta_{k+1};\Theta_k) - \mathcal{V}(\Theta_k;\Theta_k)) \end{aligned} \tag{A.10}$$

式(A.10)右侧的第二项可以重新表述为

$$\begin{aligned} (\mathcal{V}(\Theta;\Theta_k) - \mathcal{V}(\Theta_k;\Theta_k)) &= E\left\{\log\left(\frac{p(\mathcal{Z}|\mathcal{D};\Theta)}{p(\mathcal{Z}|\mathcal{D};\Theta_k)}\right)|\mathcal{D};\Theta_k\right\} \\ &\leqslant \log E\left\{\frac{p(\mathcal{Z}|\mathcal{D};\Theta)}{p(\mathcal{Z}|\mathcal{D};\Theta_k)}|\mathcal{D};\Theta_k\right\} \\ &= \log \sum_{\mathcal{Z}} \log p(\mathcal{Z}|\mathcal{D};\Theta_k) \\ &= 0 \end{aligned} \tag{A.11}$$

式(A.11)中的不等式是Jensen不等式和对数函数凸性的结果。此外,式(A.11)表明式(A.10)左侧的第二项为非正项。因此,选择新参数$\Theta$,使得$\mathcal{Q}(\Theta;\Theta_k) \geqslant \mathcal{Q}(\Theta_k;\Theta_k)$将导致$\log p(\mathcal{D};\Theta) \geqslant \log p(\mathcal{D};\Theta_k)$,这意味着$\Theta$将导致与$\Theta_k$更高或至少相等的似然,这表明似然值将单调收敛到某个值。

# 附录B　CSTH Simulink基准

文献[103]中开发的CSTH模型由基于MATLAB/Simulink的数学模型和从实际工厂获得的实验数据组成。该模型利用测量的噪声和干扰,为数据驱动分析和识别。

Simulink模型可从CSTH benchmark网站获得,http://personal-pages.ps.ic.ac.uk/~nina/CSTHSimulation/index.htm。CSTH装置具有高度非线性,其状态变量、水箱内的水量和总焓是输入水流量的非线

性函数。储罐的热力学性质和输出流量也具有非线性特征。干扰和噪声模型来自真实测量，非线性行为和硬约束被捕获并在查找表中实现。

工厂的简单示意图如图 B.1 所示，其中包括一个装置，在该装置中，热水和冷水混合，然后使用流经加热盘管的蒸汽流进行加热。然后，水通过一根长管从水箱中排出。它在储罐内充分混合，因此可以假设储罐内的温度与流出的温度相同。该电站有三个比例积分控制器，用于控制冷水水位、温度和流量。

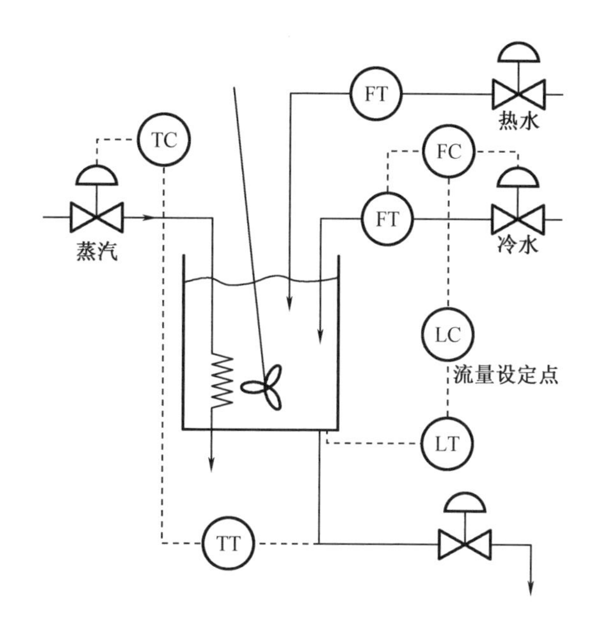


**图 B.1 CSTH 装置**

设备输入为热水、冷水和蒸汽阀位置。冷水的水位和温度是可调节的。水箱的冷水流量、液位和温度是测量的输出信号。所有信号的测量范围为 4 ~ 20 mA。模型中考虑的干扰包括对冷水流量的确定性振荡干扰、对水位的随机干扰和温度测量噪声，这些都是从实际工厂获得的。

电厂的整体非线性行为和现实干扰为多模过程监测方法提供了一项具有挑战性的任务。

# 参考文献


[1] C. F. Alcala and S. J. Qin. Reconstruction-based contribution forprocess monitoring. *Automatica*, 45(7):1593-1600, July 2009.

[2] C. F. Alcala and S. J. Qin. Analysis and generalization of faultdiagnosis methods for process monitoring. *Journal of Process Control*, 21(3):322-330, March 2011.

[3] E. Alhoniemi, J. Hollm'en, O. Simula, and J. Vesanto. Process monitoring and modeling using the self-organizing map. *Integrated Computer-Aided Engineering*, 6(1):3-14, January 1999.

[4] C. Aubrun and D. Sauter. SOA-based platform implementing a structural modelling for large-scale system fault detection: application to a board machine. In *IEEE Multi-Conference on Systems and Control*, Dubrovnik, Croatie, October 2012.

[5] M. Basseville. Detecting changes in signals and systems: a survey. *Automatica*, 24(3):309-326, May 1988.

[6] R. V. Beard. *Failure accomodation in linear systems through self-reorganization.* PhD dissertation, Massachusetts Institute of Technology, 1971.

[7] M. Berrada, S. Tarasiewicz, M. E. Elkadiri, and P. H. Radziszewski. A state model for the drying paper in the paper product industry. *IEEE Transactions on Industrial Electronics*, 44(4):579-586, August 1997.

[8] Y. Bissessur, E. B. Martin, and A. J. Morris. Monitoring the performance of the paper making process. *Control Engineering*

Practice, 7(11):1357-1368, November 1999.

[9] M. Blanke, M. Kinnaert, J. Lunze, and M. Staroswiecki. *Diagnosis and Fault-Tolerant Control*. Springer Berlin Heidelberg, 2nd edition, December 2009.

[10] J. Borges, V. Verdult, M. Verhaegen, and M. A. Botto. A switching detection method based on projected subspace classification. In *44th IEEE Conference on Decision and Control*, pages 344-349, December 2005.

[11] G. Box, G. M. Jenkins, and G. Reinsel. *Time Series Analysis: Forecasting & Control*. Prentice Hall, 3rd edition, February 1994.

[12] F. Camci. System maintenance scheduling with prognostics information using genetic algorithm. *IEEE Transactions on Reliability*, 58(3): 539 -552, September 2009.

[13] R. V. Canfield. Cost optimization of periodic preventive maintenance. *IEEE Transactions on Reliability*, 35(1):78 -81, April 1986.

[14] J. Chen and R. Patton. *Robust Model-Based Fault Diagnosis for Dynamic Systems*. Kluwer Academic Publishers, 1999.

[15] T. Chen, J. Morris, and E. Martin. Probability density estimation via an infinite gaussian mixture model: Application to statistical process monitoring. *Journal of the Royal Statistical Society. Series C (Applied Statistics)*, 55(5):699-715, January 2006.

[16] T. Chen and Y. Sun. Probabilistic contribution analysis forstatistical process monitoring: A missing variable approach. *Control Engineering Practice*, 17(4):469-477, April 2009.

[17] T. Chen and J. Zhang. On-line multivariate statistical monitoringof batch processes using gaussian mixture model. *Computers & Chemical Engineering*, 34(4):500-507, April 2010.

[18] H. Cheng, M. Nikus, and S. L. Jämsä-Jounela. Causal modelbased fault diagnosis applied on a paper machine simulator. In *1st IFAC Workshop on Applications of Large Scale Industrial Systems*, pages 214-219, Finland, August 2006.

[19] H. Cheng, M. Nikus, and S. L. Jämsä-Jounela. Evaluation of PCAmethods with improved fault isolation capabilities on a papermachine simulator. *Chemometrics and Intelligent Laboratory Systems*, 92(2):186-199, July 2008.

[20] L. H. Chiang, E. L. Russell, and R. D. Braatz. Fault diagnosis inchemical processes using fisher discriminant analysis, discriminantpartial least squares, and principal component analysis. *Chemometrics and Intelligent Laboratory Systems*, 50(2):243-252, March 2000.

[21] H. W. Cho and K. J. Kim. Fault diagnosis of batch processesusing discriminant model. *International Journal of Production Research*, 42(3):597-612, 2004.

[22] S. W. Choi, C. Lee, J. M. Lee, J. H. Park, and I. B. Lee. Fault detection and identification of nonlinear processes based on kernel PCA. *Chemometrics and Intelligent Laboratory Systems*, 75(1):55-67, January 2005.

[23] S. W. Choi and I. B. Lee. Nonlinear dynamic process monitoring based on dynamic kernel PCA. *Chemical Engineering Science*, 59(24):5897-5908, December 2004.

[24] E. Chow and A. S. Willsky. Analytical redundancy and the design of robust failure detection systems. *IEEE Transactions on Automatic Control*, 29(7):603-614, July 1984.

[25] B. S. Dayal and J. F. MacGregor. Improved PLS algorithms. *Journal of Chemometrics*, 11(1):73-85, 1997.

[26] R. Dekker. Applications of maintenance optimization models: a review and analysis. *Reliability Engineering & System Safety*, 51 (3):229-240, March 1996.

[27] A. P. Dempster, N. M. Laird, and D. B. Rubin. Maximum likelihood from incomplete data via the EM algorithm. *Journal of the Royal Statistical Society. Series B (Methodological)*, 39(1): 1-38, January 1977.

[28] J. Deng and B. Huang. Identification of nonlinear parameter varying systems with missing output data. *AIChE Journal*, 58 (11):3454-3467, 2012.

[29] S. X. Ding. *Model-based Fault Diagnosis Techniques: Design Schemes, Algorithms, and Tools.* Springer, 1st edition, April 2008.

[30] S. X. Ding, P. Zhang, E. Ding, S. Yin, A. Naik, P. Deng, and W. Gui. On the application of PCA technique to fault diagnosis. *Tsinghua Science & Technology*, 15 (2): 138-144, April 2010.

[31] S. X. Ding, P. Zhang, B. Huang, and E. L. Ding. Subspace method aided data-driven design of observer based fault detection systems. In *Proceedings of the 16th IFAC World Congress*, pages 1829-1829, Czech Republic, July 2005.

[32] S. X. Ding, P. Zhang, A. Naik, E. L. Ding, and B. Huang. Subspace method aided data-driven design of fault detection and isolation systems. *Journal of Process Control*, 19(9):1496-1510, October 2009.

[33] G. A. Dumont. Application of advanced control methods in the pulp and paper industry: A survey. *Automatica*, 22 (2): 143-153, March 1986.

[34] R. Dunia and S. J. Qin. Subspace approach to multidimensional fault identification and reconstruction. *AIChE Journal*, 44(8): 1813-1831, 1998.

[35] Eurostat. Pulp, paper and paper product statistics-NACE rev. 1. 1. http://epp._eurostat._ec._europa._eu/statistics _explained/index. php/Pulp, _paper and _paper _product _statistics _-_NACE_Rev.

[36] M. Figueiredo and A. K. Jain. Unsupervised learning of finite mixture models. *IEEE Transactions on Pattern Analysis and Machine Intelligence*, 24(3):381-396, March 2002.

[37] P. M. Frank. Fault diagnosis in dynamic systems using analytical and knowledge-based redundancy: A survey and some new results. *Automatica*, 26(3):459-474, May 1990.

[38] P. M. Frank, S. X. Ding, and T. Marcu. Model-based fault diagnosis in technical processes. *Transactions of the Institute of Measurement and Control*, 22(1):57-101, March 2000.

[39] Z. Ge and Z. Song. Multimode process monitoring based on bayesian method. *Journal of Chemometrics*, 23(12):636650, 2009.

[40] Z. Ge, M. Zhang, and Z. Song. Nonlinear process monitoring based on linear subspace and bayesian inference. *Journal of Process Control*, 20(5):676-688, June 2010.

[41] J. Gertler. Residual generation from principal component models for fault diagnosis in linear systems part Ⅰ: Review of static systems. In *Proceedings of the IEEE International Symposium on Intelligent Control*, pages 634-639, Limassol, Cyprus, June 2005.

[42] J. Gertler. Residual generation from principal component models for fault diagnosis in linear systems part Ⅱ: extension to optimal residuals and dynamic systems. In *Proceedings of the IEEE*

*International Symposium on Intelligent Control*, pages 634-639, Limassol, Cyprus, June 2005.

[43] J. Gertler, W. Li, Y. Huang, and T. McAvoy. Isolation enhanced principal component analysis. *AIChE Journal*, 45(2): 323-334,1999.

[44] A. Haghani, S. X Ding, J. Esch, and H. Hao. Data-driven quality monitoring and fault detection for multimode nonlinear processes. In *51st IEEE Conference on Decision and Control*, Maui, Hawaii, December 2012.

[45] A. Haghani, S. X Ding, H. Hao, S. Yin, and T. Jeinsch. An approach for multimode dynamic process monitoring using Bayesian inference. In *8th IFAC Symposium on Fault Detection, Supervision and Safety of Technical Processes*, Mexico City, August 2012.

[46] A. Haghani, S. X. Ding, T. Jeinsch, H. Hao, and H. Luo. MAP criterion for condition-based maintenance in industrial processes. In *2013 Conference on Control and Fault-Tolerant Systems(SysTol)*, pages 413-418, 2013.

[47] Q. P. He, S. J. Qin, and J. Wang. A new fault diagnosis method using fault directions in fisher discriminant analysis. *AIChE Journal*, 51(2):555-571, 2005.

[48] I. S. Helland. On the structure of partial least squares regression. *Communications in Statistics-Simulation and Computation*, 17(2): 581-607, 1988.

[49] H. Holik. *Handbook of Paper and Board*. John Wiley & Sons, October 2006.

[50] A. Höskuldsson. PLS regression methods. *Journal of Chemometrics*, 2(3):211-228, June 1988.

[51] C. C. Hsu, M. C. Chen, and L. S. Chen. A novel process monitoring approach with dynamic independent component analysis. *Control Engineering Practice*, 18 (3): 242-253, March 2010.

[52] B. Huang. Bayesian methods for control loop monitoring and diagnosis. *Journal of Process Control*, 18(9):829-838, October 2008.

[53] S. A. Imtiaz, S. L. Shah, R. Patwardhan, H. Palizban, and J. Ruppenstein. Development of online monitoring scheme for prediction and diagnosis of sheet-break in a pulp and paper. In *6th IFAC Symposium on Fault Detection, Supervision and Safety of Technical Processes*, pages 837-842, P. R. China, August 2006.

[54] S. A. Imtiaz, S. L. Shah, R. Patwardhan, H. A. Palizban, and J. Ruppenstein. Detection, diagnosis and root cause analysis of sheet-break in a pulp and paper mill with economic impact analysis. *The Canadian Journal of Chemical Engineering*,85(4): 512-525, 2007.

[55] R. Isermann. Process fault detection based on modeling and estimation methods: A survey. *Automatica*, 20(4):387-404, July 1984.

[56] R. Isermann and P. Ball. Trends in the application of modelbased fault detection and diagnosis of technical processes. *Control Engineering Practice*, 5(5):709-719, May 1997.

[57] S. -L Jämsä-Jounela, V. -M. Tikkala, A. Zakharov, O. Pozo Garcia, H. Laavi, T. Myller, T. Kulomaa, and V. Hämäläinen. Outline of a fault diagnosis system for a large-scale board machine. *The International Journal of Advanced Manufacturing Technology*, June 2012.

[58] S. L. Jämsä-Jounela. Future trends in process automation. *Annual Reviews in Control*, 31(2):211-220, 2007.

[59] L. Jiang, L. Xie, and S. Wang. Fault diagnosis for batch processes by improved multi-model fisher discriminant analysis. *Chinese Journal of Chemical Engineering*, 14(3):343-348, June 2006.

[60] X. Jin and B. Huang. Robust identification of piecewise/switching autoregressive exogenous process. *AIChE Journal*, 56(7):1829-1844, November 2009.

[61] X. Jin and B. Huang. Identification of switched markov autoregressive eXogenous systems with hidden switching state. *Automatica*, 48(2):436-441, February 2012.

[62] X. Jin, B. Huang, and D. S. Shook. Multiple model LPV approach to nonlinear process identification with EM algorithm. *Journal of Process Control*, 21(1):182-193, January 2011.

[63] H. L. Jones. *Failure detection in linear systems.* PhD dissertation, Massachusetts Institute of Technology, 1973.

[64] B. Jose, V. Verdult, and M. Verhaegen. Iterative subspace identification of piecewise linear systems. In *14th IFAC Symposium on System Identification*, pages 368-373, Australia, March 2006.

[65] A. L. Juloski, S. Weiland, and W. Heemels. A bayesian approach to identification of hybrid systems. *IEEE Transactions on Automatic Control*, 50(10):1520-1533, October 2005.

[66] M. Kano, K. Miyazaki, S. Hasebe, and I. Hashimoto. Inferential control system of distillation compositions using dynamic partial least squares regression. *Journal of Process Control*, 10(2-3):157-166, April 2000.

[67] M. Kano, K. Nagao, S. Hasebe, I. Hashimoto, H. Ohno, R. Strauss, and B. Bakshi. Comparison of statistical process monitoring methods: application to the eastman challenge problem. *Computers & Chemical Engineering*, 24(2-7):175-181, July 2000.

[68] M. Kano, S. Tanaka, S. Hasebe, I. Hashimoto, and H. Ohno. Monitoring independent components for fault detection. *AIChE Journal*, 49(4):969-976, 2003.

[69] M. Karlsson and S. Stenström. Static and dynamic modeling of cardboard drying part 1: Theoretical model. *Drying Technology*, 23(1-2):143-163, February 2005.

[70] D. Kim and I. B. Lee. Process monitoring based on probabilistic PCA. *Chemometrics and Intelligent Laboratory Systems*, pages 109-123, 2003.

[71] T. Kohonen, E. Oja, O. Simula, A. Visa, and J. Kangas. Engineering applications of the self-organizing map. *Proceedings of the IEEE*, 84(10):1358-1384, October 1996.

[72] T. Komulainen, M. Sourander, and S. L. Jämsä-Jounela. An online application of dynamic PLS to a dearomatization process. *Computers & chemical engineering*, 28(12):2611-2619, 2004.

[73] W. Ku, R. H. Storer, and C. Georgakis. Disturbance detection and isolation by dynamic principal component analysis. *Chemometrics and Intelligent Laboratory Systems*, 30(1):179-196, November 1995.

[74] W. E. Larimore. Canonical variate analysis in identification, filtering, and adaptive control. In *Proceedings of the 29th IEEE Conference on Decision and Control*, Honolulu, Hawaii, 1990.

[75] J. M. Lee, S. J. Qin, and I. B. Lee. Fault detection and

diagnosis based on modified independent component analysis. *AIChE Journal*, 52(10):3501-3514, 2006.

[76] J. M. Lee, C. Yoo, and I. B. Lee. Statistical monitoring of dynamic processes based on dynamic independent component analysis. *Chemical Engineering Science*, 59 ( 14 ) : 2995-3006, July 2004.

[77] G. Li, C. F. Alcala, S. J. Qin, and D. Zhou. Generalized reconstruction-based contributions for output-relevant fault diagnosis with application to the Tennessee-Eastman process. *IEEE Transactions on Control Systems Technology*, 19(5):1114-1127,September 2011.

[78] L. Ljung. *System Identification: Theory for the User*. Prentice Hall, 2nd edition, January 1999.

[79] D. G. Luenberger. Observing the state of a linear system. *IEEE Transactions on Military Electronics*, 8(2):74-80, April 1964.

[80] M. A. Massoumnia and W. E. Van der Velder. Generating parity relations for detecting and identifying control system component failures. *Journal of Guidance, Control, and Dynamics*, 11:60-65, February 1988.

[81] G. J. McLachlan and T. Krishnan. *The EM algorithm and extensions*. John Wiley and Sons, February 2008.

[82] G. J. McLachlan and D. Peel. *Finite mixture models*. John Wiley and Sons, September 2000.

[83] P. S. Miller, R. Swanson, and C. Heckler. Contribution plots: A missing link in multivariate quality control. *APPLIED MATHEMATICS AND COMPUTER SCIENCE*, 8 ( 4 ): 775-792, 1998.

[84] A. Naik. *Subspace based data-driven designs of fault detection*

systems. PhD thesis, Universität Duisburg-Essen, Duisburg, December 2010.

[85] A. Naik, S. Yin, S. X. Ding, and P. Zhang. Recursive identification algorithms to design fault detection systems. *Journal of Process Control*, 20(8):957-965, September 2010.

[86] H. Nakada, K. Takaba, and T. Katayama. Identification of piecewise affine systems based on statistical clustering technique. *Automatica*, 41(5):905-913, May 2005.

[87] P. Nomikos and J. F. MacGregor. Multivariate SPC charts for monitoring batch processes. *Technometrics*, 37(1):41-59, 1995.

[88] R. Patton and P. M. Frank. *Fault Diagnosis in Dynamic Systems: Theory and Application*. Prentice Hall, 1st edition, November 1989.

[89] F. Qi and B. Huang. Bayesian methods for control loop diagnosis in the presence of temporal dependent evidences. *Automatica*,47(7):1349-1356, July 2011.

[90] F. Qi, B. Huang, and E. C. Tamayo. A bayesian approach for control loop diagnosis with missing data. *AIChE Journal*,56(1):179-195, January 2010.

[91] S. J. Qin. Partial least squares regression for recursive system identification. In *Proceedings of 32nd Conference on Decision and Control*, San Antonio, Texas, December 1993.

[92] S. J. Qin. Statistical process monitoring: basics and beyond. *Journal of Chemometrics*, 17(8-9):480-502, 2003.

[93] J. Ragot, G. Mourot, and D. Maquin. Parameter estimation of switching piecewise linear system. In *42nd IEEE Conference on Decision and Control*, volume 6, pages 5783-5788, December 2003.

[94] A. Raich and A. Cinar. Statistical process monitoring and disturbance diagnosis in multivariable continuous processes. *AIChE Journal*, 42(4):995-1009, April 1996.

[95] J. Roll. *Local and piecewise affine approaches to system identification*. PhD dissertation, Linköping university, Department of electrical engineering, Linköping, Sweden, 2003.

[96] E. L. Russell, L. H. Chiang, and R. D. Braatz. *Data-driven Methods for Fault Detection and Diagnosis in Chemical Processes*. Springer, 1st edition, March 2000.

[97] A. Sachdeva, D. Kumar, and P. Kumar. Planning and optimizing the maintenance of paper production systems in a paper plant. *Computers & Industrial Engineering*, 55(4):817-829, November 2008.

[98] M. Sjöström, S. Wold, W. Lindberg, J. Persson, and H. Martens. A multivariate calibration problem in analytical chemistry solved by partial least-squares models in latent variables. *Analytica Chimica Acta*, 150:61-70, 1983.

[99] O. Slätteke. *Modeling and Control of the Paper Machine Drying Section*. Ph. D. dissertation, Department of Automatic Control, Lund University, Lund, Sweden, January 2006.

[100] T. Sorsa, H. N. Koivo, and R. Korhonen. Application of neural network in the detection of breaks in a paper machine. In *Preprints of the IFAC Symp. on On-Line Fault Detection and Supervision in the Chemical Process Industries*, pages 162-167, April 1992.

[101] Stadt Krefeld. Erste Ergebnisse zur Brandursache liegen vor. http://www.krefeld.de/C1257455004E4FBF/html/0BC60C17FE4445BDC1257A86004405B3?Opendocument.

[102] N. Stirken and S. Peters. Zweistelliger millionenschaden. http://www.rp-online.de/niederrhein-sued/krefeld/nachrichten/zweistelliger-millionenschaden-1.3013439.

[103] N.F. Thornhill, S. C. Patwardhan, and S. L. Shah. A continuous stirred tank heater simulation model with applications. *Journal of Process Control*, 18(3-4):347-360, March 2008.

[104] V.-M. Tikkala and S.-L. Jämsä-Jounela. Monitoring of caliper sensor fouling in a board machine using self-organising maps. *Expert Systems with Applications*, 39(12): 11228-11233, September 2012.

[105] M.E. Tipping and C. M. Bishop. Probabilistic principal component analysis. *Journal of the Royal Statistical Society. Series B(Statistical Methodology)*, 61(3):611-622, January 1999.

[106] P. Van Overschee and B. De Moor. N4SID: Subspace algorithms for the identification of combined deterministic-stochastic systems. *Automatica*, 30(1):75-93, January 1994.

[107] P. Van Overschee and B. De Moor. *Subspace Identification for Linear Systems: Theory-Implementation-Applications*. Kluwer Academic Publishers, 1st edition, May 1996.

[108] V. Venkatasubramanian. A review of process fault detection and diagnosis part I: Quantitative model-based methods. *Computers & Chemical Engineering*, 27(3):293-311, March 2003.

[109] V. Venkatasubramanian, R. Rengaswamy, and S. N. Kavuri. A review of process fault detection and diagnosis part Ⅱ: Qualitative models and search strategies. *Computers & Chemical Engineering*, 27(3):313-326, March 2003.

[110] V. Venkatasubramanian, R. Rengaswamy, S. N. Kavuri, and K. Yin. A review of process fault detection and diagnosis part Ⅲ: process history based methods. *Computers & Chemical Engineering*, 27(3):327-346, March 2003.

[111] V. Verdult and M. Verhaegen. Subspace identification of piecewise linear systems. In *43rd IEEE Conference on Decision and Control*, volume 4, pages 3838-3843, December 2004.

[112] M. Verhaegen. Subspace model identification part 3: Analysis of the ordinary output-error state-space model identification algorithm. *International Journal of Control*, 58 (3): 555-586,1993.

[113] M. Verhaegen and P. Dewilde. Subspace model identification part 1. the output-error state-space model identification class of algorithms. *International Journal of Control*, 56 (5): 1187-1210,1992.

[114] M. Verhaegen and P. Dewilde. Subspace model identification part 2:Analysis of the elementary output-error state-space model identification algorithm. *International Journal of Control*,56(5): 1211-1241, 1992.

[115] J. Wang and S. J. Qin. A new subspace identification approach based on principal component analysis. *Journal of Process Control*, 12(8):841-855, December 2002.

[116] J. Wang, A. Sano, T. Chen, and B. Huang. Identification of Hammerstein systems without explicit parameterisation of non-linearity. *International Journal of Control*, 82(5):937-952, 2009.

[117] J. A. Westerhuis, S. P. Gurden, and A. K. Smilde. Generalized contribution plots in multivariate statistical process

monitoring. *Chemometrics and Intelligent Laboratory Systems*, 51(1):95-114, May 2000.

[118] D. Westwick and M. Verhaegen. Identifying MIMO Wiener systems using subspace model identification methods. *Signal Processing*, 52(2):235-258, July 1996.

[119] A. S. Willsky. A survey of design methods for failure detection in dynamic systems. *NASA STI/Recon Technical Report N*, 76: 601-611, November 1975.

[120] B. M. Wise and N. B. Gallagher. The process chemometrics approach to process monitoring and fault detection. *Journal of Process Control*, 6(6):329-348, December 1996.

[121] S. Wold. Cross-validatory estimation of the number of components in factor and principal components models. *Technometrics*, 20(4):397-405, November 1978.

[122] Y. Xiong and D. Y. Yeung. Mixtures of ARMA models for modelbased time series clustering. In *IEEE International Conference on Data Mining*, 2002.

[123] Y. Xiong and D. Y. Yeung. Time series clustering with ARMA mixtures. *Pattern Recognition*, 37(8):1675-1689, August 2004.

[124] R. Xu and D. Wunsch. Survey of clustering algorithms. *IEEE Transactions on Neural Networks*, 16(3):645-678, May 2005.

[125] S. Yin, S. X. Ding, A. Haghani, and H. Hao. Data-driven monitoring for stochastic systems and its application on batch process. *International Journal of Systems Science*, pages 1-11, 2012.

[126] S. Yin, S. X. Ding, A. Haghani, H. Hao, and P. Zhang. A comparison study of basic data-driven fault diagnosis and process monitoring methods on the benchmark tennessee

eastman process. *Journal of Process Control*, 22 ( 9 ) : 1567-1581 , October 2012.

[127] S. Yin, S. X. Ding, A. Naik, P. Deng, and A. Haghani. On PCA-based fault diagnosis techniques. In *2010 Conference on Control and Fault-Tolerant Systems ( SysTol )*. IEEE, October 2010.

[128] S. Yin, S. X. Ding, P. Zhang, A. Haghani, and A. Naik. Study on modifications of PLS approach for process monitoring. In *Proceedings of the 18th IFAC World Congress*, Milano Italy, August 2011.

[129] Q. Yongsheng, W. Pu, and G. Xuejin. Enhanced batch process monitoring and quality prediction using multi-phase dynamic PLS. In *30th Chinese Control Conference ( CCC )*, July 2011.

[130] J. Yu. Fault detection using principal components-based gaussian mixture model for semiconductor manufacturing processes. *IEEE Transactions on Semiconductor Manufacturing*, 24(3):432-444, August 2011.

[131] J. Yu. Localized fisher discriminant analysis based complex chemical process monitoring. *AIChE Journal*, 57 ( 7 ) : 1817-1828 ,2011.

[132] J. Yu. Local and global principal component analysis for process monitoring. *Journal of Process Control*, 22(7):1358-1373 ,August 2012.

[133] J. Yu. Multiway discrete hidden markov model-based approach for dynamic batch process monitoring and fault classification. *AIChE Journal*, 58(9):2714-2725, 2012.

[134] J. Yu. Semiconductor manufacturing process monitoring using

gaussian mixture model and bayesian method with local and nonlocal information. *IEEE Transactions on Semiconductor Manufacturing*, 25(3):480-493, August 2012.

[135] J. Yu and S. J. Qin. Multimode process monitoring with Bayesian inference-based finite Gaussian mixture models. *AIChE Journal*,54(7):1811-1829, July 2008.

[136] J. Yu and S. J. Qin. Multiway Gaussian mixture model based multiphase batch process monitoring. *Industrial & Engineering Chemistry Research*, 48(18):8585-8594, 2009.

[137] P. Zhang and S. X. Ding. Disturbance decoupling in fault detection of linear periodic systems. *Automatica*, 43(8):1410-1417,August 2007.

[138] Y. Zhang and S. J. Qin. Improved nonlinear fault detection technique and statistical analysis. *AIChE Journal*, 54(12): 3207-3220, 2008.

[139] D. Zhou, G. Li, and S. J. Qin. Total projection to latent structures for process monitoring. *AIChE Journal*, 56: 168-178, 2010.